国家自然科学基金地区基金（编号：31860172、31260140）资助出版

干旱区土壤盐渍化时空变化特征研究

Ganhanqu Turang Yanzihua Shikong Bianhua Tezheng Yanjiu

王家强 著

西南财经大学出版社
Southwestern University of Finance & Economics Press
中国·成都

图书在版编目(CIP)数据

干旱区土壤盐渍化时空变化特征研究/王家强著.—成都:西南财经大学出版社,2019.5
ISBN 978-7-5504-3897-2

Ⅰ.①干… Ⅱ.①王… Ⅲ.①干旱区—土壤盐渍度—研究 Ⅳ.①S155.2

中国版本图书馆 CIP 数据核字(2019)第 031427 号

干旱区土壤盐渍化时空变化特征研究
王家强 著

责任编辑:植苗
封面设计:杨红鹰 张姗姗
责任印制:朱曼丽

出版发行	西南财经大学出版社(四川省成都市光华村街 55 号)
网　　址	http://www.bookcj.com
电子邮件	bookcj@foxmail.com
邮政编码	610074
电　　话	028-87353785
照　　排	四川胜翔数码印务设计有限公司
印　　刷	郫县犀浦印刷厂
成品尺寸	170mm×240mm
印　　张	7
字　　数	115 千字
版　　次	2019 年 5 月第 1 版
印　　次	2019 年 5 月第 1 次印刷
书　　号	ISBN 978-7-5504-3897-2
定　　价	48.00 元

前　言

　　本书是国家自然科学基金地区基金"荒漠河岸林胡杨叶片对地下水埋深的光谱响应研究"（项目编号：31860172）与"塔里木河上游地下水动态对荒漠河岸林蒸散影响的机理研究"（项目编号：31260140）的研究成果；也是对干旱区土壤盐渍化治理的前期基础性研究。

　　土壤盐渍化制约干旱区农业发展，同样也是影响绿洲生态稳定性的重要因素。土壤盐渍化作为土壤退化形式之一，已经成为一个全球性问题。事实证明，好的生态环境是经济发展的基础；同样，没有治理和合理利用自然资源的生态环境建设也是不可持续的。只有把土壤盐渍化治理与发展农业结合起来，把关键技术与农业经济发展结合起来，才有可能确保生态环境与区域经济可持续发展的相辅相成。加强西部干旱区生态研究，是我国加快西部地区经济发展的迫切需要。

　　利用遥感手段分析区域尺度土地盐渍化，前人所用的研究方法已经很多，我们可以综合传统方法的长处，通过研究更适合、更定量化的方法模型来提取盐渍地信息，掌握盐渍地的性质、地理分布及盐渍程度，提出具有针对性和可操作性的土壤盐渍化防治对策。

　　土壤盐渍化信息提取研究一直是研究的热点，也是遥感专题信息提取的难点之一。目前其提取的方法主要以人机交互目视判读和分类的方法为主。由于"同物异谱，异物同谱"现象的存在，基于光谱特征分类的方法对于盐渍地信息的提取也难以取得较好的效果。决策树是遥感图像分类中的一种类似树状的分层处理结构，这种方法不仅不需要依赖任何先验的统计假设条件，而且可以方便地利用除亮度值以外的其他知识，结合植被、地形、实测光谱等盐渍化土壤特征量建立土壤盐渍地自动提取模型，实现基于知识的土壤盐渍地专题信息的自动提取。

　　本书基于决策树分类方法，有效地利用判别盐渍化土壤的多种辅助特征来提高传统分类方法的提取精度，并在此基础上分析盐渍化土壤的时空及数量变化特征，揭示盐渍地土壤的变化规律与特征。其结果表明：①加入更多的辅助信息能有效地提高盐渍地分类精度，同时能够在一定程度上解决盐渍化土壤和砂土的光谱相似性问题；②通过三个方面——数量特征、动态度、地类变化，并运用变化检测、转移矩阵、空间重心转移同时结合动态度等综合分析研究区域盐渍地时空动态变化过程，从中发现一些干旱区土壤盐渍地时空变化过程的基本特征；③通过研究区域土壤盐渍地变化特征的研究，提出了一些治理对策。

随着国家对生态环境的日益重视，土壤盐渍化的治理势在必行，因为这是提高耕地质量、扩大耕地面积的有效措施。在党的十九大报告中提出了"建设生态文明是中华民族永续发展的千年大计。必须树立和践行绿水青山就是金山银山的理念，坚持节约资源和保护环境的基本国策，像对待生命一样对待生态环境"。因此，推进绿色发展，着力解决土壤盐渍化带来的生态与经济问题，加大生态系统保护力度，是未来必须实现的目标。

王家强

2019 年 3 月 18 日

目　录

1 绪论

中国的干旱区面积占全国总面积的 1/3，在中国的干旱区，盐碱土广泛分布，土壤盐渍化和土壤次生盐渍化问题是制约干旱区农业发展的主要因素，也是影响绿洲生态稳定性的重要因素。土壤盐渍化问题始终是改善干旱区生态环境质量和农业可持续发展的战略问题。

2018 年，中央发布了 1 号文件，即《中共中央国务院关于实施乡村振兴战略的意见》，总共十二大项四十八条，特别是第三项提到了"提升农业发展质量，培育乡村发展新动能"，其前所未有地将夯实农业生产能力基础，严守耕地红线，稳步提升耕地质量放到了党和国家政策的高度。这因为农业的可持续发展，一是靠扩大耕地面积（但国内的宜农耕地面积有限）；二是靠耕地质量，盐渍化是影响耕地质量的重要因素之一，同时盐渍地也是增产潜力最大的土壤耕地类型。

占新疆土地总面积 4.27% 的绿洲承载着全疆 95% 以上的人口，绿洲农业在新疆国民生产总值中所占比例大于 30%，是干旱区人类生存与发展的基本命脉，是新疆经济、资源、人口综合作用的载体，又是国家最大的棉花和名优特瓜果基地。新疆绿洲建设取得了巨大成就，促进了农业生产发展，推动了社会进步；但气候条件造就了新疆为土壤盐渍地大区，盐渍化土壤种类多，被称为"世界盐渍土的博物馆"。第二次土壤普查后，随着土地开发与土地利用方式改变，原来的水盐运移规律被打破，使得新疆盐碱地数量、分布、类型、成因发生了变化，出现许多新的问题，因此土壤盐渍化已成为新疆在现代农业可持续发展中必须要解决的问题。

1.1　研究目的及意义

1.1.1　研究目的

提高遥感数据的专题信息计算机提取精度，一直是遥感研究的主要方向之一。盐渍地信息的提取是遥感专题信息提取的难点之一，目前其提取的方法仍主要以人机交互目视判读和分类的方法为主。由于"同物异谱，异物同谱"现象的存在，基于光谱特征分类的方法对于盐渍地信息的提取也难以取得较好的效果。决策树是遥感图像分类中的一种类似树状的分层处理结构，其中，每一个分叉点代表一个决策判断条件，其下有两个叶节点，分别代表满足和不满足条件的类别。这种方法不仅不需要依赖任何先验的统计假设条件，而且可以方便地利用除亮度值以外的其他知识，所以在遥感影像分类和专题信息提取中已有广泛的应用。

利用遥感影像、统计数据及相关资料，结合植被、地形、光谱特征等盐渍化土壤特征量建立盐渍化土壤自动提取模型，实现基于知识的盐渍地专题信息自动提取，发现盐渍化土壤时空变化规律及分析其生态效应。

1.1.2　研究意义

土壤盐渍化制约干旱区农业发展，同样也是影响绿洲生态稳定性的重要因素。土壤盐渍化作为土壤退化形式之一，已经成为一个全球性问题。事实证明，好的生态环境是经济发展的基础；同样，没有治理和合理利用自然资源的生态环境建设也是不可持续的。只有把土壤盐渍化治理与发展农业结合起来，把关键技术与农业经济发展结合起来，才有可能确保生态环境与区域经济可持续发展的相辅相成。加强西部干旱区生态研究，是我国加快西部地区经济发展的迫切需要。

土壤盐渍化信息提取研究一直是研究的热点，也是遥感专题信息提取的难点之一；目前其提取的方法主要以人机交互目视判读和分类的方法为主。因为"同物异谱，异物同谱"现象的存在，基于光谱特征分类的方法对于盐渍地信息的提取也难以取得较好的效果。决策树是遥感图像分类中的一种类似树状的分层处理结构，这种方法不仅不需要依赖任何先验的统计假设条件，而且可以方便地利用除亮度值以外的其他知识，结合植被、地形、实测光谱等盐渍化土壤特征量建立土壤盐渍地自动提取模型，实现基于知识的土壤盐渍地专题信息的自动提取。决策树分类相对于传统的仅基于地物光谱特征的遥感图像分类方法，其对盐渍化土壤的时空变化监测更快速、更省力。

遥感技术在区域尺度上的干旱区土壤盐渍化监测方面已成为主流趋势，其对于决策树信息的提取有着不可替代的优势，并在遥感影像分类和专题信息提取中已有广泛应用。同时，遥感技术为正确评价和精确监测盐渍化土壤提供基础，从而其对于促进农业生产和区域可持续发展具有非常重要的现实意义。

1.2 国内外研究综述

1.2.1 国内土壤盐渍化遥感监测进展

我国学者对土壤的盐渍化的研究主要集中在盐渍化土壤的生态环境效应、土壤盐分积累及运移模型、生态地质环境及水化学环境、盐渍化土壤的改良等方面。例如，石元春（1992）对土壤中水盐运动规律进行了探讨，并在此基础上建立水盐运移模型；陈亚新（1997）通过建立数学模型，模拟地下水与土壤盐渍化关系，为盐渍化土壤的管理奠定了理论基础；宋长春等（2002）建立了土壤次生盐渍化过程的数学模型；刘强等（2008）研究了变化环境中土壤盐渍化过程。现阶段集中在利用 RS、GIS 和数学模型进行土壤盐渍化的管理、信息提取、监测与预报。

国内开展土壤盐渍化卫星遥感监测研究比国外晚了大约 10 年，利用遥感影像进行目视判读是进行盐渍土定性、定量和动态分析的重要手段，数字图像处理技术在早期的盐渍土监测研究方面也发挥了一定的作用。盐渍土目视判读过程中，我国科研工作者强调根据地理综合分析和影像特征相结合的方法，来消除异物同谱和同谱异物现象的干扰，在这方面的研究中，曾志远（1985）最早提出了"地理控制系统"的概念。地理控制系统的理论根据为土壤和景观是一个统一的整体，二者密不可分；一定的土壤只能出现在一定的地理环境中，而不出现在与它不相干的其他环境中。另外，张恒云和肖淑招（1992）曾用气象卫星 NOAA/AVHRR 数据，建立了盐渍土与土壤含水量、日最低气温和日最高气温之间的回归模型，来间接分析研究滨海盐渍土。彭望璩和李天杰（1989）研究发现经过 K-T 变换，得到的 3 个分量（亮度、绿度、湿度）地学意义明确，可以提高盐渍土的判读分析效果。骆玉霞和陈焕伟（2000）采用了 K-T、K-L 变换和有关经验指数，从 Landsat TM 数据中提取了盐渍土的光谱特征和纹理特征参与分类。对角度分类器和距离分类器进行了比较研究，对遥感信息单要素分类与遥感信息综合分类进行比较研究。刘庆生等（2000）利用 HIS 和 PCA 变换将资源一号卫星数据与高分辨率全色数据进行融合分析，更清晰地确定了不同级别盐渍土及农田的分布状况。这些研究都不同程度地提高了盐渍土专题信息提取的精度。

李海涛等（2006）通过运用 ASTER 遥感影像数据，对不同地物进行光谱分析，根据不同地物在不同波段的光谱特征曲线，分别提取植被和水体信息，然后进行非监督分类，并结合物探试验和土样分析结果进行聚类分析，定性和定量地评价了焉耆盆地内土壤盐渍化程度分布状况。霍东民等（2001）在黄河三角洲进行工作时，利用 CBERS-1 的图像数据，在深入分析盐碱地光谱信息和空间信息的基础上，借助人脑在分析图像时所加入的各方面知识，在 GIS 支持下自动提取盐碱地专题信息，为盐碱地监测打下基础。刘庆生等（2004）研究了上覆植被的土壤光谱特征与土壤盐分的关系，表明在干旱、半干旱区，当植被覆盖度低于 25%～35%时，土壤的光谱特征差别明显，利用遥感、土壤光谱数据与土壤盐分数据相结合能有效地监测土壤盐渍化；若植被覆盖度大于此阈值，监测精度下降，只能通过上覆植被信息间接推断土壤盐渍化状况。史晓霞（2005，2007）通过建立 GeoCA—Salinization 模型模拟对长岭县土壤盐渍化时空演变过程。李宏和于洪伟（2007）对新疆塔里木河流域进行土地盐渍化专题信息提取，建立该地区土地盐渍化分类系统，提高土地盐渍化分类精度，对建立生态环境监测系统有非常实用的价值。关元秀等（2001）利用 TM 数据，基于地物光谱特征、野外调查建立的地物与影像之间的关系以及土壤和地下水监测数据的辅助，常规监督分类法和改进的图像分类法两种方法相结合，提取了不同盐渍程度的盐碱地。除此之外，学者们还对水体、滩涂、非盐碱地等做了区分。此外，依据各波段的信息量、相关性，结合图像获取的时相及研究对象的特征和应用目的来选择最佳波段组合，以确保各类别的可分性。许迪和王少丽（2003）用 LANDSAT 卫星遥感影像数据，利用监督分类、NDVI 指数等遥感影像处理方法，对黄河上游的宁夏青铜峡灌区进行了识别作物及土壤盐碱分布的应用研究。徐存东等（2019）运用 ArcGIS 技术，结合可拓层次分析法，分析了 1994—2015 年长时间序列区域尺度水盐的时空分布特征。

塔西甫拉提·特依拜等（2007）通过实证分析发现塔里木盆地南缘和北缘由于水文（盐渍化形成的关键）、气候（形成盐渍化土壤的驱动力）、地形（盐渍化土壤分布及差异的主要因素）、人类活动（盐渍化土壤形成的重要因素）等因素差异的存在，导致了区域盐渍化情况的差异。何祺胜等（2006）利用 TM 卫星图像数据，分析了盐碱地地区主要地物的光谱特征，并建立决策树模型得到了盐渍地信息的提取结果，总体提取效果较好。江红南等（2007）利用（ETM＋）遥感图像提取了归一化植被指数（NDVI）、第三主成分（PC3），改进归一化差异水体指数（MNDWI）、TM1、TM7 分别作为非盐渍化土壤及盐渍化土壤信息提取的主要特征变量，对研究区域遥感图像进行了分类。结果达到较高信息识别精度。庞治国等（2000）将 3S 技术（RS、GIS、GPS）应用于吉林省西部大安市盐渍化土地资源的现状调查和监测，指出其总的变化趋势及表现出来的时间序列的阶段性，同时提出防治和发展措施。这些研究都不同程度提高了盐渍土专题信息提取的精度。牛博等（2004）人利用干旱区盐渍化土壤的光谱特征及其空间特性，进行了盐渍化土壤专题信息提取研究，并分析得出了盐渍化动态演变的趋势。李晓燕等（2005）以 GIS 技术为支撑，基于地形图和 MSS、TM 影像，从数量、类型、空间分布及重心转移几个方面进行了大安市盐碱地景观的动态变化及成因分析。张飞、丁建丽等（2007）在野外考察、GPS 定点和土壤采样分析的基础上，借助 Statistics、Excel 等软件对盐离子含量、电导率与离子含量的关系、土壤总碱度与离子含量的关系、土壤水溶液中总溶解固体（TDS）与离子之间的关系、土壤含盐量与电导率的关系、盐离子间相关性以及土壤含盐量与农业产量的关系做了探讨。何祺胜等（2007）在新疆库车河—渭干河三角洲进行盐碱地研究时，采用雷达影像作为最重要的数据源，综合利用其他遥感和空间数据的优势，提高了盐渍地信息的提取精度，展开微波遥感在土地盐渍化专题信息提取方面的应用研究。从地学的角度，我国学者在盐渍化土壤，包括次生盐渍化的管理、信息提取、监测与预报等方面都做了大量工作。这些工作主要以 RS 为手段并结合 GIS 进行研究。李凤全等（2000）以吉林省西部半干旱区为例，将数学模型与 GIS 及人工神经网络相结合建立土壤盐渍化监测与预报模型。吴加敏等（2007）采用多源信息复合分类的方法，通过"综合分析，主导因子判定"提高了遥感和地理信息系统技术在土壤盐渍化和中低产田调查研究中的应用。

我国盐渍土遥感监测研究现状，主要受到我国各大盐渍土分布区所拥有的遥感数据所限的影响，当然盐渍土研究工作者的数字图像处理的设备和技术水平也对其有不可忽视的影响。盐渍土研究所用数据主要是来自美国陆地卫星 MSS、TM 影像和航片。受遥感影像空间分辨率和光谱分辨率的制约，仅立足于影像光谱数据进行数理统计，实现的影像自动分类，在应用于土壤盐渍地信息提取时，其精度较低，难以满足生产要求。尽管如此，广大盐渍土研究工作者仍然认为利用计算机自动分类方法来提取盐碱地信息是有很大潜力可挖掘的。

1.2.2　国外土壤盐渍化遥感监测进展

土壤盐渍化信息提取一直是国外研究的一个热点。国外利用卫星遥感进行土壤盐渍化监测研究始于 20 世纪 70 年代。进入 20 世纪 80 年代，多波段、多时相的遥感数据被广泛应用于盐渍土和盐生植被的监测、调查、制图研究中。这一时期，主要是结合盐渍土和盐生植被的光谱特征实验研究进行目视判读，少数人用监督分类法提取盐渍土信息。自 20 世纪 90 年代以来，遥感数据源更加丰富，方法日趋成熟。常用的遥感数据有：Terra、MSS、TM、ETM、Quick-bird、ASTER、SPOT、RADARSAT 和 IRS 等卫星遥感数据以及 HyMap 和 AME 等高光谱数据。尽管遥感数据的光谱分辨率、辐射分辨率、时间分辨率和空间分辨率都在不断提高，但目视判读仍然是盐渍土监测研究和动态分析的重要手段。与以前不同的是研究内容更加广泛。不论目视判读还是计算机自动分类，盐渍化土壤信息提取主要是基于其光谱响应特征。

从研究手段上讲，RS 和 GIS 技术的应用无论是从静态还是动态方面，都有力地推动着土壤盐渍化的研究。Rao 等（1995）作了盐渍土光谱特征的专门研究，与一般耕地相比，盐渍土在可见光和近红外波段光谱反射强；土壤盐渍化程度越高，光谱反射越强；在红光和绿光波段，地面植被覆盖会影响盐渍土的光谱响应。另外，太阳高度角、土壤含水量也会影响盐渍土的光谱响应模式。Metternichit 和 Zinck（1997）指出研究盐渍化土壤波谱响应模式，选择敏感波段，有助于盐渍地的分离。根据盐渍化土壤光谱曲线图发现盐渍化土壤在 0.45~0.68 微米对可见光反射能力强于其他的地物。Khan 和 Sato（2001）通过研究也表明 ETM+图像的第三波段（0.62~0.68 纳米）对于土壤盐分程度具有敏感的响应特性。他还通过比较典型地物的波谱特征及波段混合实验发现，由遥感图像红和蓝波段确定的土壤盐分指数（SI）能较好地反映土壤盐渍化程度，而且土壤盐分指数与地表实测盐渍化土壤电导率有很好的相关性。Douaoui（2006）和 Farifteh（2007）等利用高光谱数据进行土壤盐渍化分类时发现土壤表层盐分与土壤反射率之间呈现线性相关关系，通过盐渍化土壤的光谱特征可以很好地区别盐渍化土壤和非盐渍化土壤。Leone 等（2007）指出土壤盐渍化对植被指数和水体指数有显著影响。因此，光谱特征被认为是区分盐渍土和非盐渍土的一个有用的判别依据。

Dwivedi 和 Rao（1992）做了盐渍土监测最佳波段组合的实验研究，如果单纯从信息量来衡量，TM 数据 1、3 和 5 波段组合所含信息量最大。Wu 等（2008）运用变换散度分析（TD）对 TM 图像的多波段组合选择进行分析，得出了两个最佳的波段组合，分别是（1，2，4，5，6，7）和（1，2，4，6，7）波段。这两个组合的 TD 值接近最大可能值。虽然盐生植物能改变盐渍化土壤的整体光谱反射模式，造成光谱干扰，但是 Bui 等（2010）通过研究澳大利亚昆士兰州东北部的植被种类以及植被的分布与集群，确定了土壤盐渍化程度。以植被为探测盐渍土的间接指征，则应选择 8~9 月的数据，这一时期植被的生物量几乎达到最大。NDVI 与土壤的电导率有较高的相关性，故 NDVI 也可作为判别盐渍土的一个间接参数。Masoud 和 Koike（2006）通过分析地表特征参数地表温度以及植被指数和土壤盐分之间的关系，提取了研究区间为 1987—2003 年的盐渍化土壤动态变化信息。Fernández-Buces 等（2006）则通过研究土壤地表特征（电导率、纳吸附比等）与盐渍化土壤 NDVI 之间的关系，提出了用于盐渍化土壤信息提取的复合波谱响应指数（A Combined Spectral Response Index，COSRI）。

Taylor（1996）利用航空雷达对盐渍化土壤的提取做了大量研究，分析了盐渍化土壤在航空雷达影像中的光谱特征，并认为 L 波段能很好地区分盐渍土和非盐渍土。近年来，一些学者把土壤水分反演的一些模型和算法，如 SPM（Small Perturbation Model）、POM（Physical Optics Model）、DM（Dubois Model）和 CM（Combined Model）等应用于土壤的盐碱化研究，并且为了消除反演中植被的影响，后来又提出了 CM（VC）（Vegetation Corrected Combined Model）模型。Morshed 等（2016）提出了一种盐分指数和野外数据结合的综合反演方法。

Dehaan 等（2003）利用高光谱进行盐渍化土壤制图；Farifteh（2007）利用高光谱数据进行土壤盐渍化分类，认为通过地物的光谱特征可以很好地区别出盐渍化土壤和非盐渍化土壤。Cresswella 等（2007）通过 AEM 高光谱数据获取了澳大利亚墨里河流域土壤盐渍化盐分载荷（salt load）三维图。对土壤盐渍化动态方面的研究，主要是盐渍化的监测、评估与预报。从目前的研究看，盐渍化土壤时空变化成为主要的研究热点和趋势。在众多研究者中，澳大利亚的 G. I. Metternicht 在这方面做的研究较多，其主要的手段是结合 RS、GIS 及专家系统对盐渍化的模拟与预测，在盐渍化土壤的时空动态变化研究方面取得了一定的成果。Metternieht（2003）利用 Landsat TM 数字图像分类，在建立训练样本时，协同实测土壤退化特征以及实验室测定的数据（如土壤电导率 EC、钠吸附率 SAR、土壤 pH 值），从土壤数据库中选取各个级别的代表性样本，按用户定义的空间和光谱的制约条件，并考虑相邻像元的信息，确定光谱同质的对象来组成训练样区，采用最大似然法分类，成功提取了土壤盐渍化分布信息，他还利用模糊分类信息算法成功提取了澳大利亚北部盐碱地信息。

1.3 研究思路、内容及技术路线

1.3.1 研究思路

综上所述，利用遥感数据通过数据变换（如 K-L、K-T 变换）协同地理环境、生物环境和景观特征数据，充分利用图像的光谱信息及地理信息进行计算机自动解译分类是提取盐渍土专题信息、监测盐渍土动态变化的有效手段，目前已经得到广泛的应用。监督分类中训练样区的选择至关重要，Metternicht 和 Zinck（1997）利用 LandsatTM 数字图像分类，在建立训练样本时，协同实测土壤退化特征以及实验室测定的数据（如土壤电导率 EC、钠吸附率 SAR、土壤 pH 值），从土壤数据库中选取各个级别的代表性样本，按用户定义的空间和光谱的制约条件，并考虑相邻像元的信息，确定光谱同质的对象组成训练样区，采用最大似然法分类，成功提取了土壤盐渍化分布信息。若将常规影像分类方法加以改进（如监督分类法与非监督分类法的集成），在分类中加入土壤含盐量、地下水埋深和归一化植被指数（NDVI）这三个辅加特征的数据，并结合"上下文分析""掩膜分析"等地理信息系统分析处理，能有效区分出非盐渍土和轻度盐渍土，且盐渍土信息提取总精度得到提高。Dwivedi 和 Sreenivas（1998）运用主成分变换、影像差值法、影像比值法和分类后逐个像元对比法监测了盐渍土动态变化。但前三种方法仅能识别出未变盐渍土的区域以及变为农田的盐渍土，无法识别变为盐渍土的农田，对于有目的的变化监测而言，分类后逐个像元对比法更为合适。

近年来多位学者应用高光谱技术定量或半定量地研究了土壤盐渍化及土壤特性。高光谱数据蕴涵描述土壤表面状况的光谱信息及其特征的空间信息，具有评价土壤性质细微差异的潜力，与多光谱技术相比，其在识别和探测盐渍土方面具有很大优势，随着现代科学研究对数据精度要求的提高，依据遥感数据提取专题信息的理论和方法也在不断地更新与发展。遥感用于盐渍化的探测的发展趋势是结合 GIS 手段，以遥感影像数据分析处理为依托，以传统的野外调查为辅助，将地理环境数据与影像光谱信息、空间信息和时间信息，盐渍化程度状况的生物地学规律和其外在表现有机结合；已逐渐出现较为成熟的应用化的模式识别技术，在算法上以知识库为基础的推理决策、多种复合分类方法相继产生并将迅速发展；特征提取和设计合理的分类器成为人们研究的热点。

决策树分类法具有灵活、直观、清晰、健壮、运算效率高等特点，在遥感分类问题上表现出巨大优势。决策树分类法已被成功应用于解决许多分类问题，但应用于遥感分类的研究成果并不多见：如 Friedl 等（1997）应用决策树分类法进行了遥感土地覆盖的分类研究。结果表明，其比最大似然等传统方法在精度上有明显改善，同时决策树法还具有非参数化、抗干扰、易于地学知识融合等优点。Hansen 等（2003）基于 EOS/MODIS 资料用递归决策树方法进行了全球的树冠覆盖百分率遥感制图（500m 分辨率），同样取得了较好的结果。Murthy 等（1994）曾设计了一个决策树的算法并开发完成了相应的软件系统。在以前决策树法研究成果的基础上，Friedl 等（2002）在比较了决策树法和人工神经网络法的效果后，基于 EOS/MODIS 资料，采用决策树法进行了全球土地覆盖制图，并生成了 NASA 的土地覆盖分类产品。Zhan 等（2006）也采用了决策树法，基于 EOS/MODIS 的 250m 分辨率数据进行了全球 5 个典型地区的土地覆盖变化检测。

把决策树分类法应用到盐渍地信息提取中，建立决策树模型、提取土壤盐渍化信息是干旱区监测盐渍地变化的有效手段。王建等（2000）选择甘肃省民勤县绿洲作为典型的荒漠化区域，根据荒漠化土地分类体系确定决策树的结构及各类地物在树形中的位置。结果表明，利用决策树分层提取法可以有效地排除和避免提取地物时所有多余信息的干扰及影响，目标明确。对于荒漠化土地或者类似的各种地貌专题，单纯地用一种或几种图像处理手段识别并且进行分类一般是极其困难的。为此，利用决策树方法分层提取荒漠化土地类型，将复杂的地物分解从原理上或者理论上出发是可行的。面对的目标简单化使得图像操作和识别更加具有针对性和精确性，最大限度地避免混分的概率。可以说决策树是解决盐渍化自动分类的一种有效手段，但在分层过程当中的图像处理以及识别方法值得进一步研究和探讨。

1.3.2　研究内容

本书的主要研究内容有以下几点：

（1）通过 COST 模型进行图像大气和辐射校正，并进行验证分析；基于定量遥感反演技术反演地表反照率、植被指数、水体指数等地表能量特征参数。

（2）结合 TM/ETM/OLI 原始波段进行 K-L 变换、K-T 变换，建立叠合光谱图，并通过计算最佳指数因子（O_{IF}）分析得出最佳波段组合；建立分类系统，找出最佳盐渍地信息提取特征量。

（3）利用决策树分类技术，结合研究区域盐渍化土壤实测光谱数据进行盐渍化土壤分类，并对分类器进行修正后，得到研究区域土壤盐渍化分布图并进行精度评价。

（4）分析干旱区盐渍地的时空变化特征以及对环境生态效应产生的影响。

1.3.3　技术路线

本书分别以 1989 年、2001 年、2006 年和 2018 年的 TM/ETM/OLI 影像为基本数据源（见图 1.1），借助 GIS 技术在地学分析中独有的优势，对基础数据经过严格预处理后，以图像数据处理提高盐渍地信息提取精度为目的，采用多种图像处理技术手段，包括多源数据的决策树盐渍地信息提取模型、多源数据融合的盐渍地信息提取方法，然后综合地形、植被、土壤湿度和地物光谱特征等特征变量实现了专题信息的自动提取，获得盐渍化土壤信息；研究决策树分类方法在干旱区盐渍地信息提取中的优势，以及盐渍地的时空变化特征和环境生态效应。

1.4　本章小结

本章在提出区域土壤盐渍化问题在社会经济、生态环境等方面的危害基础上，指出正确评价或精确监测盐渍化土壤对促进农业生产和区域可持续发展具有重要意义。综述了目前土壤盐渍化的研究方法、遥感监测的国内外进展，在

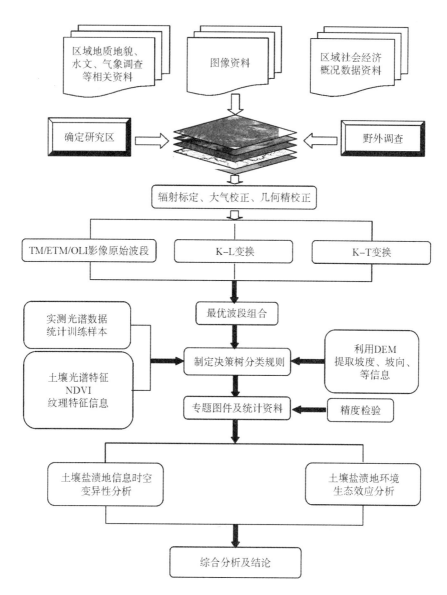

图 1.1 TM/ETM/OLI 影像原始波段

区域土壤盐渍化遥感信息提取研究及其定量化研究中,从三个方面剖析了目前研究中主要存在的问题,提出了本书的思路:有效利用作为盐渍化土壤关键的土壤光谱特征和相关的各种辅助特征,从而提高了盐渍化土壤的提取精度,但不能解决混合像元的问题。本书拟基于决策树分类技术(DT)的基础,将研究区域作为一个完整的盐渍生态系统，在此基础上构建适于盐渍化评价的分类器，结合辅助地学信息及其他统计学方法，充分利用和优化各种数据信息监测土壤盐分含量的变化特征，弥补裸土光谱监测盐渍化程度的不足及增强盐渍化遥感监测的敏感度和精度；基于 DT 分类方法对这些类型的分类精度比较高，因此有效的减少了错分现象。一般来说，采用传统的分类方法进行植被与轻度盐渍地的区分以及重度盐渍地与中度盐渍地的区分，难度都较大，因为两者光谱特征相差不大，线性不可分，DT 通过引入地表生物物理特征参数及地形因子，提取特征，增强不同类型之间的可分性，能有效提高 TM/ETM/OLI 影像盐渍化信息的提取精度，为区域尺度盐渍化土壤信息监测提供更丰富的土壤盐渍化信息，并能更准确地分析时空变化特征规律及各类环境与生态因子，从而得出更准确的结论；最后细化了本书的主要内容和技术路线。

2 研究区域概况及野外考察

盐渍化作为干旱区荒漠化的形式之一，它的成因主要是气候、植被、地下水埋深、地下水矿化度、土壤质地等；本书研究区域为塔里木盆地北缘的渭干河和库车河流域的渭—库绿洲。原因主要如下：一是试验区研究基础扎实，经过多年的研究已积累了一系列系统的数据，对研究区域自然和社会经济条件有比较深入的认识；二是研究区域中的灌区至绿洲外围交错带地表水平剖面的各类型盐渍化特征明显，非常有利于盐渍化遥感监测方法问题的深入研究；三是本书积累的不同时空分辨率的地表观测数据和资料（针对盐渍化发生发展及消亡的干湿季多时段）以及遥感数据源的连续性，最大限度地克服了以往多数研究中所得到的观测数据不能为土壤盐渍化提供完整描述的问题，从而非常有益于研究分析过程的说明及结果对比与可行性验证。

2.1 研究区域概况

库车县位于天山南麓，塔里木盆地北缘，地处南疆腹地，是南疆有一定代表性的典型绿洲县域。该县境内的北部为山区，南部为平原，地势北高南低，自西北向东南倾斜。山地面积占 47.5%，平原面积占 52.5%。北部山区的气候比较湿润，植被覆盖率较高。平原区的光热资源丰富、降水量稀少、植被稀疏，是该县主要的农、林、牧业灌溉区。全县 95% 以上的人口集中在平原区，该区域人类经济活动比较频繁，是阿克苏地区东部四县的经济中心。研究区域土地总面积为 1 357.41km^2。辖 5 个行政乡，2002 年总人口为 142 738 人。经济结构以农业为主，农业中又以种植业和畜牧业最为发达。农业人口比重高达

67%，城市化水平比较低。农作物以棉花、小麦、玉米、水稻、苜蓿为主。由于地广人少，研究区域交通不发达，有的农村至今没有通公路。2001 年，研究区域已利用土地面积大约占总面积的 58.03%，约 787.71km²，未利用土地 569.70km²，约占土地总面积的 41.97%。未利用土地主要是沙漠、裸岩石砾、盐碱地、沼泽地、裸土地等。未利用土地的土地质量低下，土地平整工程大，水利排灌工程艰巨，垦殖难度大，投资高，收益较慢。

2.1.1 地理位置

渭—库绿洲位于新疆南部的塔里木盆地中北部，北起秋里塔格山，南接塔里木河北岸，东与轮台、尉犁县相邻，西与温宿县接壤，是一个典型而完整的扇形平原绿洲（见图 2.1）。

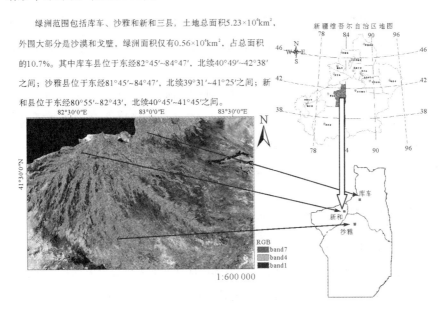

绿洲范围包括库车、沙雅和新和三县，土地总面积5.23×10⁴km²，外围大部分是沙漠和戈壁。绿洲面积仅有0.56×10⁴km²，占总面积的10.7%。其中库车县位于东经82°45′~84°47′，北纬40°49′~42°38′之间；沙雅县位于东经81°45′~84°47′，北纬39°31′~41°25′之间；新和县位于东经80°55′~82°43′，北纬40°45′~41°45′之间。

图 2.1 研究区域示意图

2.1.2 气候与水文

研究区域属于大陆性温暖带干旱气候，依据新疆农业气候区划的分区指标属于温热区。具有一年四季分明、温差悬殊、夏短冬长、干旱少雨、风多沙大的特点。

根据库车、新和、沙雅气象站 1970—2000 年的统计资料，研究区域多年平均气温为 10.7℃，年较差 34.4℃；年平均最高气温 17.9℃，平均最低气温 4.6℃。七月份（最热月份）的平均气温为 25.2℃，一月份（最冷月份）的平均气温为 -9.3℃。平均年日照时间为 2 947 小时，日照率为 67%；每年 4 月份风沙浮尘天气多，日照百分率最低。无霜期 151.0～194.5 天，土壤有冻结现象。

研究区域北部风大，南部风小；4～7 月风大，11 月至次年 1 月风小；北部一带盛行北风，其他地区多为东北风。北部年平均风速 2.4m/s，年最大风速 27m/s；南部年平均风速 2.0m/s，年最大风速 18m/s，风大沙多，危害严重。

研究区域降水稀少，蒸发量特大，平均降水量为 46.5mm，平均蒸发量达 1 227.8mm，蒸降比大 26.4。蒸降比由北向南逐渐增大，从北部的 20.5 增大到南部的 28.2。

渭干河为研究区域唯一河流，是该地区灌溉的主要水源，水资源缺乏，年内分配不均，春旱严重。渭干河年均径流量 22.3×10^{8}m^3，其由北向南逐渐消失在绿洲中，其水量几乎全部用来灌溉。克孜尔水库是渭干河控制性工程。该地区有大小湖泊约 5 处，总水面积约 15km^2。

2.1.3 地形与地貌

依据研究区域的具体地形，可分为两大地貌区，大致以乌鲁木齐至喀什公路为界，分为北部山区和南部平原。北部山区从北向南可以分为中高山区和低山区。3 200m 以上的南天山高山带大致呈东西向，地形尖削陡峭，顶峰常年积雪。海拔在 2 200～3 200m 的中山带降水丰富，气候湿润，植被覆盖率高，是库车河水源主要补给区。低山区位于中高山区以南，海拔在 1 000～2 500m 之间，此区地形较平坦，切割侵蚀较浅，由于陆向沉积地层被挤压，构成了近东西向褶皱；降水稀少，地面蒸发强烈，植被稀少，剥蚀严重，是最贫瘠的山区。

南部平原位于塔里木盆地北部边缘，是塔里木盆地的一部分，地势自西北向东南倾斜，延续至 140km²，平均地面坡降为 0.8‰。地貌可分为渭干河三角洲、塔里木河冲积平原和洪积扇群带平原三部分。

2.1.4 地质土壤

研究区域南北横跨塔里木地台和天山褶皱系两大构造单元，接壤部位形成了库车拗陷。中条运动形成新疆的初始陆壳——塔里木雏地台，而后在雏地台的基础上进一步形成稳定的陆块——塔里木地台。最新的喜马拉雅运动使天山、昆仑山强烈上升，塔里木盆地相对下降，构成现代地貌景观。研究区域北部为古生界地层，研究区域内分布有中生界和新生界地层。

2.1.4.1 中生界

分布于低山区北部。

(1)三叠系：上统以夏阔坦为中心呈半圆环行分布，厚度 755m。岩性上部为绿色砾岩、砂砾岩，下部为紫色砾岩。

(2)侏罗系：下统、中统、上统多呈交错分布。下统厚度为 478~675m，岩性为砂岩、砂泥岩、页质页岩夹煤层；中统厚度为 838~1 818m，岩性为绿色砂岩、沙砾岩以及细砂岩互层、夹煤层，顶部为炭质页岩。上统厚度为 395~535m，岩性为砂岩、粉砂岩，顶部为红色细砾岩。

(3)白垩系：下统、中统出露于库台克里克至克孜利亚一带。下统厚度为 773~1 157m，杨岩性上部为泥岩夹砂质泥岩，中部为泥岩，底部为厚层砾岩；上统厚度为 114~148m，岩性为粉红色泥岩、灰色砾岩夹砂岩。

2.1.4.2 新生界

(1)第三系：分布于西起渭干河东至依奇克里克的狭长地带。渐新统出露较少，厚度为 125~176m，岩性为红褐色砂质泥岩、砂岩夹石膏层，底部为砾岩。中新统厚度为 100~1 909m，岩性为红褐或者灰绿色泥岩、砂岩、褐红色砾岩、砂砾岩并含石膏。上新统厚度为 400~2 170m，上部岩性为灰褐色粉砂岩夹砾岩以及砂质泥岩，下部为黄褐色砂质泥岩夹砂岩。

(2)第四系：广布于低山区和全部平原区，下更新统分布于广大低山区，面积较大，厚度为 1 300~2 000m，其岩性为胶结的灰白色巨厚状砾岩、夹砂岩透镜体。

中更新统、上更新统多分布于低山区的河谷沟壑处，高山区也有少量分布，其中中更新统的厚度为 10~110m，岩性洪积层为半胶结的砂、砾石，冰渍层为泥砂石；上更新厚度小于 100m，岩性洪积层为砂砾卵石，冰水冰积层为砂里砾石、砂卵石、含砂亚砂土或者亚黏土，冰积层为砾石。

全新统分布于整个平原区和低山区的河谷中，厚度最深超过 400m，岩性山区为砂砾卵石、土质砂砾石、泥砾石；平原上部多为亚砂土、砂壤土、亚黏土、黏土，下部为砂卵砾石、砾质砂、砂互层结构，并夹有亚砂土、砂壤土或亚黏土夹层。

2.1.5 水文地质单元分带

如表 2.1 和图 2.2 所示，渭干河流域根据水文地质条件划分成三个水文地质亚区，五个地质段。

表 2.1 渭干河流域水文地质参数

水文地质单元	Ⅰ 渭干河冲积洪积扇				
水文地质亚区	Ⅰ₁冲洪积扇		Ⅰ₂冲洪积扇倾斜平原		Ⅰ₃冲洪积扇下部平原
径流排泄条件	径流补给形成区，径流通畅		径流缓慢流出区		径流泻缓区，主要为蒸发与排泄
水文地质分段	Ⅰ₁ₐ	Ⅰ₁b	Ⅰ₂ₐ	Ⅰ₂b	Ⅰ₃b
土壤性质	亚砂土	亚砂土、亚黏土	亚砂土、粉质亚黏土	亚砂土、粉质亚黏土	亚黏土
盐渍化程度	非盐渍化	基本无盐渍化	轻度盐渍化	重度盐渍化	严重盐渍化
潜水埋深（m）	>3	2~3	2~3	1米左右	1~2
矿化度（g/L）	<1.5	1~3	1~3	>3	3~5

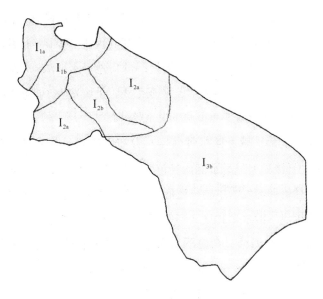

图 2.2　渭干河流域水文地质单元分带

2.1.5.1　冲积洪积扇上部淡水带（I_1）

冲积洪积扇上部淡水带（I_1）分布于研究区域上部，属却勒塔格山边缘。这里是径流补给形成区，径流通畅，潜水水位埋深不小于 2m，由北向南渐浅。潜水主要接受河流渗漏补给、潜流补给，径流排泄，矿化度较小，在地下水水化学分带上属于淡水带。水化学类型为 $HCO_3—Cl—SO_4—Ca—Na$。土壤几乎没有盐渍化现象的发生。依据地下水埋深、岩性、地下水矿化度等可以将其划分为两个地质段：I_{1a} 和 I_{1b}。即当 I_{1a} 地下水埋深大于 3m，地下水矿化度小于 1.5g/L，土壤岩性为亚砂土；当 I_{1b} 地下水埋深 2~3m，地下水矿化度 1~3g/L，土壤岩性为亚砂土和亚黏土。

2.1.5.2　冲积洪积扇倾斜平原上咸下淡水带（I_2）

冲积洪积扇倾斜平原上咸下淡水带（I_2）分布于研究区域中部。潜水埋深不大于 3m。潜水主要接受上游潜水径流补给、河水渗漏补给，主要是径流排泄；承压水以接受上游侧向径流补给为主，又以径流为主要排泄形式，潜水和浅层承压水矿化度 1~3g/L，深层承压水小于 1.0g/L，在地下水水化学分带上属于上咸下淡水带。潜水化学类型为 $SO_4—Cl—Na—Mg$，浅层承压水化学类型为 $SO_4—Cl—HCO_3—Na—Mg$，深层承压水化学类型为 $HCO_3—Cl—SO_4—Na—$

Ca。依据地下水埋深、岩性、地下水矿化度等可以将其划分为两个地质段：I_{2a} 和 I_{2b}。即当 I_{2a} 潜水埋深大于 2~3m，潜水矿化度 1~3g/L，土壤岩性为亚黏土、粉质亚粘土，土壤发生了轻度的盐渍化；当 I_{2b} 地下水埋深 1m 左右，地下水矿化度大于 3g/L，土壤岩性为亚砂土和亚黏土，土壤发生了严重盐渍化。

2.1.5.3 冲积洪积扇下部上咸下淡水带（I_{3b}）

冲积洪积扇下部上咸下淡水带（I_{3b}）分布于研究区域下部。潜水埋深小于 2m。潜水主要接受上游潜水侧向径流、农田灌水渗入补给以及洪水期河水渗漏补给，以径流和蒸发为主要排泄形式；承压水以接受上游侧向径流补给为主，径流形式排泄。潜水矿化度 3~10g/L，浅层承压水矿化度 1~3g/L，深层承压水矿化度小于 1.0g/L，在地下水水化学分带上属于上咸下淡水带。潜水化学类型为 $CI—SO_4—Na—Mg$ 或 $SO_4—CI—Na—Ca（Mg）$，浅层承压水化学类型为 $CI—SO_4—Na—Mg$，深层承压水化学类型为 $CI—SO_4—Na$ 或 $HCO_3—CI—Na—Ca$。土壤岩性为亚黏土，发生了严重盐渍化，形成大面积的盐土。

2.1.6 植被

盐渍化土壤的植被为多汁肉质盐生灌丛和泌盐植物，主要有盐穗木、盐节木、盐爪爪、骆驼刺、黑刺、柽柳及胡杨。这些植被含有大量可溶性盐分，残落物和残体经矿化分解归入土壤，可加剧土壤积盐过程。

2.2 野外考察

野外考察是土壤盐渍化研究必须拥有的步骤，它是开展实际研究的基础和对研究结果的有力验证。考察之前在实验室通过研究区域遥感影像和有关资料相结合做出野外考察计划。计划如下：①在遥感影像上选取特殊和典型的地点。②制定在每一个点要考察的内容，做出考察数据表格。③初步制定考察路线和考察地点的 GPS 坐标。④实地考察期间按照事前做好考察数据内容进行土壤采样、记录景观特征和收集资料。如果实际需要与当地的情况相结合，则重新协调工作循序和内容。部分土壤采样点分布见图 2.1 所示。采样点确定的依据是通过遥感影像解译和盐渍土在绿洲内外分布比较典型。⑤整理和处理野外考察中收集到的第一手资料。通过野外考察获得和资料收集，掌握了研究区域的景观、土壤盐渍化特征以及水文地质条件、地形地貌、生态环境等情况。

2.2.1 野外考察的内容

2.2.1.1 盐渍化程度变化区域的调查

由于盐渍地的形成是一个水盐平衡问题，具有明显的年内变化特征，一年中随着蒸发量与降水量的不同在遥感影像上的表现也不尽相同。因此，对研究区域内考察过的点进行对比研究，找出变化的原因及其在遥感影像上的不同表现，考察这些点的盐渍化程度、植被种类及其光谱特征。

2.2.1.2 区域人文资料的收集

研究区域内（库车县、新和县、沙雅县）收集的主要资料有：各县的统计年鉴，主要包括气象、人口、农业、经济等方面的资料；水利及水文资料（图件及文字资料），包括灌渠、排碱渠资料；土地利用方面的资料。这些资料为研究盐渍地的空间分布、变化原因、规律及驱动力提供了扎实的佐证。

2.2.1.3 采集样本

在遥感影像上通过目视解译选取有代表性的盐渍地，利用 GPS 进行准确定位，在采样点采集土样，同时在每个采样点测定了典型地物如盐生植被、盐渍地土壤等光谱曲线，并对采样点的自然景观进行拍照。

2.2.2 考察点设计方案

2.2.2.1 土壤样本采集

为保证样品具有代表性，因此以 2007 年 ALOS 为工作底图，在 GPS 技术支持下，在土壤图、地形图和土地利用等辅助信息基础上进行布点，使采样点尽可能遍及研究区域范围内主要的土地利用类型，而且尽可能使样点分布具有随机规律，利于进行统计分析；对于取样数目的估计，常用的是 Cochran（1977）针对区域纯随机取样构造的取样数量计算公式：

$$n = (t \times Std)^2 / d^2$$

式中，n 为需要的取样数目；t 为显著性水平 $\propto$ 时相对的标准正态偏差；

Std 为样本标准差；*d* 为样本平均值×相对误差。

根据 Cochran 的公式，对采样数在经济性、精确性以及采样效率三方面做出合理的选择，得出的合理采样点数目为：0~10cm 层土壤合理采样数为 59；10~30cm 层土壤合理采样数为 50；30~50cm 层土壤的合理采样数为 46。

此次考察共在 81 个采样点采集了土样。本书中的采样点数目满足合理采样数要求。考虑到其采样点周围土壤性质相对成因一致，环境因子类似，异质性较小，每一个采样点周围辐射约 10m 选取 3 个点，即总共是 243 个采样。采样点分取三个样层（0~10cm，10~30cm，30~50cm），每个样层取 200g 土壤样本。用土锹在各层多次抽取土样 2 000g，然后用四分法，选取 250g，装入保湿袋，并写好标签备用，同时收集土壤性质调查信息并记录；野外工作使用统一的野外调查记录表，并按照野外调查样本的要求进行详细记录。每个样点均进行统一编号、GPS 定位、景观描述，并配合拍摄相应的景观照片，以备后期必要时进行核对。

2.2.2.2　野外光谱测定

地面反射光谱是建立地面光谱与遥感图像之间关系的桥梁，是对地物进行遥感研究和各种模拟的基础数据。为此，地面光谱数据的测量时间、测量方法设计、测量样地的选择及测量数据的处理等就必须要求建立一套有普适性的、综合的技术实施方案，并保证在其技术方案实施下能够达到减少误差、提高精度的目的。

（1）测定仪器

本书采用的是由美国 ASD 公司开发生产的 ASD Fieldspec HH 便携式野外光谱仪，其基本指标为：该光谱仪的波谱范围为 300~1 075nm；光谱分辨率为 1nm（可以进行不同的选择和设置）信噪比为 250∶1；视场角为 15 度；信号采集方式为光纤传输，测试环境温度在 10℃~50℃之间。

（2）测定条件

①测量时间：野外光谱测量的时间分别为 2005 年 11 月下旬、2006 年 3 月中旬、2006 年 7 月下旬；测试时间选择在 10∶00~14∶00（地方时）进行。

②测量点的选择和测量方法：地物选择在特征明显的地区，测量的具体时间与遥感器过顶的时间基本相同。为摸清各类地物的光谱特性，尽量在不同条

件下观测同类地物光谱数据，以便找出地物光谱特性的变异规律，为地物的遥感评价和定量分析奠定基础。

（3）测定方法

野外测量采用比较法，有以下两种形式：

①垂直测量：为使所有数据能与航空、航天传感器所获得的数据进行比较，一般情况下测量仪器均用垂直向下测量的方法，以便与多数传感器采集数据的方向一致。由于实地情况非常复杂，测量时常将周围环境的变化忽略，认为实际目标与标准板的测量值之比就是反射率之比。通常标准板用硫酸钡或氧化镁制成，在反射角小于等于45°时，接近郎伯体，并经计量部门标定，其反射值为已知值。这种测量没有考虑入射角度变化时造成的反射辐射值变化，也就是对实际地物在一定程度上取近似郎伯体，因此，测量值有一定的适用范围。

②非垂直测量：在野外更精确的测量是测量不同角度的方向反射比因子，考虑辐射到地物的光线是来自太阳的直射光（近似定向入射）和天空的散射光（近似半球入射），因此方向反射比因子取两者的加权和。第一步是在地面上平放标准板，用光谱辐射计垂直测量，用自然光照射时测量一次，再用挡板遮住太阳光使阴影盖过标准板测量一次，求出两者的比值；第二步是对地物分别在只有自然光照射和只有天空漫反射时进行测量；第三步是用前两步的结果计算出地物反射辐射值。

（4）实际测量的方法选择

本书根据实际情况，采用垂直测量的方法取得了较好的结果。测量时主要采用了以下原则和方法：

①所选测点所处的地方地面均匀，覆盖面积取决于遥感器的空间分辨率的大小。对同一种地物采取多次测量取平均值的方法，得到该地物的反射光谱曲线。

②为减少太阳辐照度的影响，需选择状况良好的天气，如晴朗无云、风力较小、太阳光强度充足并稳定、视场范围内太阳应该直接照射、没有遮挡物或运动物体、大气透过率高等，在卫星过顶时测量，并且因为难以在星下点选择定标场地的情况，所以通过地物光谱仪观测方向与飞行遥感观测方向一致的测量方法，这样测量的结果即为遥感观测方向上的目标反射率，但是这种测量方

式要求事先确定遥感器的观测角度。

③在同步观测之前还应对场地测区地物反射率的空间分布与时间变化进行分析，掌握研究区域内地物反射率的动态范围，所选择的不同测点的反射率或辐射亮度分布能覆盖成像光谱数据中的高、中、低灰度的动态范围，地物反射率应该比较稳定。

④测点的面积应足够大，最少有 $30 \times 30m^2$ 的面积，以便于与图像匹配，同时减少地面背景的影响。

⑤研究区域的基本地物类型，如植被、裸露土壤、水体等。特别是将植被按照不同盖度、不同生长状况进行测量，覆盖度高的地方尽量进行多次测量。

（5）实测光谱数据的选取

实测光谱数据在 400~900nm 间较好，之后，随着波长的增大，噪声增大；另外，由于大气的影响，这个区间之外的有些测量值大于 1，这显然不合理；而且，400~900nm 已经包括了遥感常用的可见光和近红外波段。因此，在对实测光谱特征进行分析和光谱库的建立中，只要选取这一区间即可满足要求。

2.2.3 土壤样本的测定

2.2.3.1 土壤样本的制备与保存

从野外取回的土样，经登记编号后，都需经过一个制备过程——风干、过筛、保存以备各项指标测定之用。

（1）风干。将采回的土样，放在木盘中或塑料布上，摊成薄薄的一层，置于室内通风阴干。在土样半干时，须将大土块捏碎（尤其是黏性土壤），以免完全干后结成硬块，难以磨细。风干场所力求干燥通风，并要防止酸蒸气、氨气和灰尘的污染。样品风干后，应拣去动植物残体如根、茎、叶、虫体等和石块。如果石子过多，应当将拣出的石子称重，记下所占的百分比。

（2）过筛。风干后的土样，倒入钢玻璃底的木盘上，用木棍研细，使之全部通过 2mm 孔径的筛子。充分混匀后用四分法分成两份（如图 2.3）：一份作为物理分析用；另一份作为化学分析用。作为化学分析用的土样还必须进一步研细，使之全部通过 1mm 或 0.5mm 孔径的筛子。1927 年，国际土壤学会规定通过 2mm 孔径的土壤作为物理分析之用，能过 1mm 孔径作为化学分析之用，人们一直沿用这个规定。但近年来很多分析项目趋向于用半微量的分析方法，称样量减少，要求样品的细度增加，以降低称样的误差。

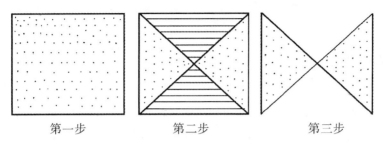

第一步   第二步   第三步

图 2.3 四分法示意图

（3）保存。一般样品用磨口塞的广口瓶或塑料瓶保存半年至一年，以备必要时查核之用。样品瓶上标签须注明样号、采样地点、土类名称、实验区号、深度、采样日期、筛孔等项目。标准样品是用以核对分析人员各次成批样品的分析结果，特别是各个实验室协作进行分析方法的研究和改进时需要有标准样品。标准样品需长期保存，不使混杂，样品瓶贴上标签后，应以石蜡涂封，以保证其不变质。每份标准样品附各项分析结果的记录。

2.2.3.2 土壤样本指标的测定

对于采集的土壤样本，利用烘干法得到土壤含水率；重量法测得土壤样本矿化度，利用酸度计测定 pH 值，电导率仪测定电导率等指标数据。这些为土壤盐渍化的研究提供了可靠的数据支持。

室内对植被、土壤以及灌渠、排盐渠、地下水水质等样品进行实验分析、补充及检验数据。

植被：包括典型盐生植物、典型群落类型的确定以及计算物种冠层指数、盐生植物优势度指数等。

土壤：土壤样品风干后带回室内分析土壤 pH、电导率、总盐量，分析方法参照《土壤农业化学常规分析方法》（中国土壤学会，1983）进行，水土比例为 5：1 的浸提液测定，土壤含水量使用烘干法；pH 值使用 SM210 型数字式酸度计；总盐量使用重量法测定。计算 0~50cm 土层内平均的 pH、电导和总盐含量、八大离子测定。

灌渠、排盐渠、地下水水质：测定 pH 值、矿化度、含盐量、总硬度。

2.3 本章小结

研究区域地处极端干旱的塔里木盆地北缘，多风少雨，生态环境极为脆弱；社会经济方面，以多民族聚居、人口不断增加、农牧经济占主导，种植业为主的鲜明特征，水土流失，风沙化，通过考察得到绿洲中间（人类居住点）的生态环境、农业用水排水条件较好；绿洲外部水利条件差，植被覆盖度小，土壤多盐渍化或沙化，生态环境脆弱；尤其随着人口的增长，工农业生产的发展，水资源严重缺乏，生态用水没有保障，生态环境压力超出了自然生态环境的承载力，在人类活动和自然环境的变化等因素的影响下，绿洲的生态环境日益脆弱，尤其是土壤盐渍化严重，绿洲有的地方土壤盐渍化有加重的趋势。因此，本书选择试验靶区——塔里木盆地北缘的渭干河—库车河流域的渭—库绿洲，应用决策树分类技术进行监测和评价盐渍化土壤，为试验区生态与农业可持续发展提供借鉴依据。

3 遥感图像预处理

定量遥感的目的是利用遥感器有效地收集来自地物的太阳辐射能量，从中反演陆地表面各种参数，包括植被指数、地表温度、反照率等。然而在遥感图像成像时，由于各种因素的影响，使得遥感图像存在一定的失真现象，这些失真影响了图像的质量和应用，必须对其做消除和减弱处理，为图像后期的分类、物理生物量反演等打下基础。随着定量遥感技术的迅速发展，反演物理、生物量的精度不断提高，因此，进一步提高图像校正精度的要求越来越迫切。

3.1 数据源

根据研究需要和遥感数据特征选择多时相、多光谱的 TM/ETM/OLI 数据（见表 3.1）。

表 3.1　　　　　　　　研究区域遥感数据基本情况表

序号	传感器	波段	接受日期
1	TM	1，2，3，4，5，6，7	1989 年 9 月 25 日
2	ETM	1，2，3，4，5，61，62，7，8	2001 年 8 月 06 日
3	TM	1，2，3，4，5，6，7	2006 年 7 月 22 日
4	OLI	1，2，3，4，5，6，7，8，9	2018 年 7 月 23 日

LANDSAT 是美国的陆地资源卫星，是与太阳同步的近极地圆形轨道，高度（LANDSAT4，5，7，8）为 705km，每 16 天覆盖地球一次，图像的地面覆盖范围为 185×185km^2，TM/ETM/OLI 的多光谱波段空间分辨率为 30m，热红

外波段的空间分辨率 TM6 为 120m，ETM6 为 60m，OLI10/11 为 100m，全色波段 PAN 为 15m。它们的光谱分辨率高，频道增加，波段变窄，针对性强，可根据不同的应用目的进行多种组合处理和专题提取，以此扩大了它在地学方面的应用。

TM（Thematic Mapper）专题制图仪是一种改进型的多光谱扫描仪。它设有七个较窄的光谱段。不同的光谱段响应了不同地物在该波段内的反射辐射特性。正是由于波段与地物间有这些相关特性，才可以用不同光谱范围内的反映程度和波段的组合来识别地物。表 3.2 给出这 7 个波段以及 LANDSAT 7 增加的 ETM 8 波段、LANDSAT 8 增加的 OLI1 和 OLI9 波段的特征说明（见表 3.2）。

表 3.2　　　　　　　　　　TM/ETM/OLI 影像波段特征

波段号	波段	波长范围（μm）	设计依据	波段特征	主要用途
OLI1	蓝	0.433~0.453	海岸气溶胶		海岸带观测
OLI2/TM1/ETM1	蓝	0.45~0.52	植物色素吸收峰 0.45μm	对水体穿透力强，对叶绿素及叶色素浓度反应敏感	有助于判别水深，水中叶绿素分布，近海水域制图
OLI3/TM2/ETM2	绿	0.52~0.60	植物在绿光波段反射峰 0.55μm	对健康茂盛植物绿反射敏感，对水的穿透力较强	探测健康植物，评价生长活力，研究水下地形特征
OLI4/TM3/ETM3	红	0.63~0.69	植物叶绿素吸收峰 0.65μm	为叶绿素的主要吸收波段	用于区分植物种类与植物覆盖度，探测植物叶绿素吸收的差异，在秋季则反映叶黄素、叶红素的差异
OLI5/TM4/ETM4	近红外	0.76~0.90	植物细胞结构的影响，在 0.70~1.3μm 的高反射平台	对绿色植物类别差异最敏感，为植物通用波段	确定绿色植被类型，做生物长势和生物量的调查，水域判别等
OLI6/TM5/ETM5	中红外	1.55~1.75	水分子在 1.4m、1.9μm 的吸收峰	处于水的吸收波段范围内，对水分较为敏感	用于植物含水量的调查、土壤湿度、水分状况、作物长势的研究区域分云和雪
OLI10, 11/TM6/ETM6	热红外	TM/ETM: 10.4~12.5 OLI10: 10.60~11.19 OLI11: 11.50~12.51	地物热红外发射特征	可以进行热制图	植物和地物的热强度测定分析，人类热活动特征监测
OLI7/TM7/ETM7	中红外	2.08~2.35	处于水吸收带与蚀变岩类黏土矿物中羟基的吸收	处于水的强吸收带，水体呈黑色	植物含水量测定，岩石的调查与分类，含有 -OH 矿物的土壤

表3.2(续)

波段号	波段	波长范围 （μm）	设计依据	波段特征	主要用途
OLI8/ETM8	全色 近红 外	0.52~0.90			
OLI9	短波 波段	1.360~1.390	包括水汽强 吸收特征	云检测	

其中，热红外波段 TM6 的地面分辨率相对较低，为 120m（ETM6 为 60m，OLI10/11 为 100m），而其余波段均为 30m，OLI8/ETM8 为 15m。

3.2　研究方法

影像校正的目的就是尽可能地消除影像失真的影像。这种影像大体上包括辐射误差和几何误差。本书中拟考虑用 COST 模型进行辐射校正获取地面相对反射率，消除遥感影像的辐射失真；同时利用畸变的遥感图像与标准地图之间的一些对应点（即控制点数据对）求得几何畸变模型，然后利用此模型进行几何畸变的校正。

3.3　辐射校正

利用传感器观测目标的反射或辐射能量时，传感器得到的测量值与目标的光谱反射率或光谱辐射亮度等物理量是不一致的，这是因为测量值中包含了太阳位置条件、薄雾等大气条件以及因传感器的性能不完备等条件所引起的失真。为了正确评价目标的反射或辐射特性，必须消除这些失真。消除图像数据中依附在辐射亮度中的各种失真的过程被称为辐射量校正（radiometric calibration，简称辐射校正）。目前，关于大气校正和地物反射率反演的方法很多，基本原理大同小异，都是按大气传输模型而建立，不同的只是假设条件和适用范围不同。这里主要介绍最常用的辐射校正的两种方法：6S 模型和 COST 模型。

3.3.1 基于 6S 模型的大气校正

6S 模型（Second Simulation of the Satellite Signal in the Solar Spectrum）是 20 世纪 90 年代中后期 E.F.Vermote 等人在 5S（Simulation ofthe Satellite Signal in the Solar Spectrum）模型的基础上发展起来的改进版本。模型考虑了目标物的海拔高度、地表非均匀状况和气体（CH_4、N_2O、CO）对辐射的吸收影响，对分子和气溶胶散射作用的计算使用近似和逐次散射（TheSuccessive Order Of Scattering；SOS）算法。并且在传感器的光线传输路径中针对光线受大气的影响进行了不同的描述，其中包括了 9 种较为成熟的描述二向反射的核驱动模型。6S 模型能准确模拟太阳到目标物再到传感器路径上的大气影响，是当前发展的比较成熟的大气订正模型之一。

3.3.1.1 6S 模型原理

（1）主要算法描述

①辐射传输算法。假定地表为朗伯体的情况下，传感器接收到的表观反射率定义为：

$$\rho* = \pi L/F0\mu0 \tag{3-1}$$

其中 L 为大气上界观测到的辐射，它是整层大气光学厚度、太阳和卫星几何参数的函数；$F0$ 是大气上界太阳辐射通量密度；$\mu0$ 为太阳天顶角的余弦。传感器接收到的反射率可以表示为：

$$\rho*(\theta s, \theta v, \phi s - \phi v) = Tg(\theta s, \theta v)[\rho r + a + T(\theta s)T(\theta v)\rho s 1 - S\rho s] \tag{3-2}$$

其中 $\rho r+a$ 为由分子散射加气溶胶散射所构成的路径辐射反射率；$Tg(\theta s, \theta v)$ 为大气吸收所构成的反射率；$T(\theta s)$ 代表太阳到地面的散射透过率；$T(\theta v)$ 为地面到传感器的散射透过率；S 为大气球面反照率；ρs 为地面目标反射率。

②临近效应处理。假设目标的反射率为 ρs，被限制在半径为 r 的圆内，圆之外为环境反射率 ρb，基于互易原理逆向考虑，用 $F(r)$ 代表落入圆内光子数的概率，则平均反射率 P 为：

$$P = F(r)\rho s + [1 + F(r)]\rho b \tag{3-3}$$

则公式可订正为：

$$\rho * (\theta s, \ \theta v, \ \phi s - \phi v) = \rho r + a + T \!\downarrow (\theta s) [e - \tau/\mu v \rho s + td(\theta v) P] 11 - SP$$

$$(3\text{-}4)$$

（2）算法流程

①几何参数处理。可选择 6 种卫星及相应输入参数，例如对于 METEOSAT、GOES 输入行列数和时间，以及对于 NOAA 输入列数、经度和穿越赤道时间，目的是算出太阳和传感器的角度参数，还可自定义直接输入角度参数。

②大气模式处理。6S 模式中引用了 LOWTRAN 模式大气模式的定义：热带、中纬度夏季、中纬度冬季、亚北极区夏季、亚北极区冬季，此外还可选择无气体吸收和自定义类型，该模块返回 P (z)、T (z)、H_2O (z)、O_3 (z)（即气压、温度、水汽密度、臭氧密度）的大气廓线。

（3）气溶胶处理

需要用户输入的参数有气溶胶模式和气溶胶的浓度。模式中共有 13 种气溶胶类型可以选择，其中 7 种标准模式和 6 种自定义模式，用户可以通过输入 4 种成分的体积百分比、尺度谱分布函数、太阳光度计的测量结果和米散射计算结果来定义。气溶胶浓度可以通过输入能见度和直接输入光学厚度来调用相应的函数计算。

（4）目标物和传感器高度

目标物的高度决定着在目标物上层大气的厚度，读入的目标物的高度值将大气（即 P (z)、T (z)、H_2O (z)、O_3 (z)）廓线从海平面的值订正到该位置，使计算大气吸收、散射的精度更高，该过程返回订正后的大气廓线，则公式订正为：

$$\rho * (\theta s, \ \theta v, \ s - v, \ zt) =$$

$$Tg(\theta s, \ \theta v, \ zt) [\rho r + a(zt) + T(\theta s, \ zt) T(\theta v, \ zt) \rho s 1 + S(zt) \rho s] \qquad (3\text{-}5)$$

zt 为目标海平面高度，传感器的高度主要是订正传感器在大气层内的情况，对卫星来说该项不做计算。

（5）光谱参数

6S 模型给定了 59 个卫星光谱波段，只需要输入对应的序号，就可调用相应的处理函数，也可以通过输入波长范围和间隔 2.5 nm 的滤光函数值来自定义。

（6）地表状况处理

6S 模型中将地表分为均一和非均一两大类。均一表面情况下，又分为无方向影响和有方向影响类型。前一种即为通常说的朗伯体反射，后一种为考虑双向反射分布（BRDF），可以通过输入 BRDF 模式参数和离散测量资料来计算。非均一表面情况下，认为地面由反射率为 roc、半径为 r 的圆形目标物和周围是反射率为 roc 的环境组成。

3.3.1.2　大气校正及地面相对反射率计算

6S 模型首先模拟的各种大气校正参数 x_a，x_b，x_c；然后通过计算得出经过大气校正的相对反射率（ρ）。

$$\rho = y / (1 + x_c \times y)$$
$$y = x_a \times L_i - x_b \tag{3-6}$$

其中 ρ 为校正后反射率；L_i 是 i 波段的辐射亮度，可以通过代入下式求得：

$$L_i = gain \times DN + offset = \frac{L_{\max} - L_{\min}}{DN_{\max} - DN_{\min}}(DN - DN_{\min}) + L_{\min} \tag{3-7}$$

其中，L_i 是某个波段光谱辐射亮度（单位：$W \cdot m^{-2} \cdot \mu m^{-1} \cdot sr^{-1}$）；$offset$ 和 $gain$ 是图像头文件提供的偏差参数（单位：$W \cdot m^{-2} \cdot \mu m^{-1} \cdot sr^{-1}$）；$DN$ 是经辐射订正的图像灰度值；$DN_{\max}$ 和 $DN_{\min}$ 为遥感器最大和最小灰度值；$L_{\max}$ 和 $L_{\min}$ 分别为最大和最小灰度值所相应的辐射亮度（单位：$W \cdot m^{-2} \cdot \mu m^{-1} \cdot sr^{-1}$）。

3.3.2　基于 COST 模型的大气校正

尽管大气辐射传输原理是相同的，但由于传感器本身性能和参数的不同，不同传感器获得的遥感数据在大气校正的具体方法上有所差别，就 Lansant5 和 Landsat7（六波段除外）的数据而言，目前国内外学者在大气校正时应用较多的是黑体消除法，其中 Crist（1986）和 Chavez（1996）就黑体消除法提出了各自行之有效的模型和算法，他们假设研究区域具有相同的黑体背景，利用 TC（Tasseled Cap）变换的第四成分作为黑体辐射指标，以此去除黑体辐射不失为一种有潜力的方法。传统的黑体消除方法认为近红外辐射不存在散射影响，因此，近红外波段上测得的任何洁净深水体或阴影面积辐射值大于零均被认为是大气散射和路径辐射的结果，即近红外波段的灰度值可以近似于大气层辐射值，以此来推算其他波段的大气层辐射值和有关的大气性质参数，这种黑体去除常常会矫枉过正，不适于黑体不存在的影像。鉴于此，COST 模型基于以下的理论假设：一是每一波段均存在反射率为 1% 的黑体辐射，黑体辐射值取决于大气顶层的太阳辐照度；二是大气性质是均一的，传感器每一波段的最小辐射亮度值除黑体辐射影响外，主要还有大气分子的瑞利散射和气溶胶的米氏散射和反射作用的影响。其概念模型概括为以下三个步骤：一是将遥感器记录的 DN 值转换为遥感器的光谱辐射值，即根据遥感器的增益与偏移进行遥感器定标；二是遥感器的光谱辐射值转换为遥感器的相对反射值；三是消除因大气吸收和散射造成的大气影响，即大气纠正，同时计算地球表面像元相对反射率（见图 3.1）。

图 3.1　COST 大气纠正概念模型

根据太阳辐射和大气传输原理与过程，TM/ETM+数据地面反射率反演的数学模型可综合表达为：

$$\rho = \pi \times D2 \times (LsatI - LhazeI) / (ESUNI \times COS^2(SZ)) \tag{3-8}$$

其中，ρ 为地面相对反射率；D 为日地天文单位距离；$LsatI$ 为传感器光谱辐射值，即大气顶层的辐射能量；$LhazeI$ 为大气层辐射值；$ESUNl$ 为大气顶层的太阳平均光谱辐射，即大气顶层太阳辐照度；SZ 为太阳天顶角。

3.3.1.1　遥感器光谱辐射定标

由遥感器的灵敏度特征引起的辐射畸变主要由其光学系统或光电转换系统的特征形成的，光电转换系统的灵敏性特征通常很重复，其校正一般是通过定期的地面测定值进行的。Lansat-5 和 Lansat-7 系列的遥感器纠正是通过飞行前实地测量，预先测出了各个波段的辐射值和记录值之间的校正增益系数和校正偏移量。遥感器光谱辐射定标时采用以下转换算式：

$$LsatI = Bias + (Gain \times DN) \tag{3-9}$$

单位：mWcm-2ster-1mm-1（for Landsat）。其中，$Bias$ 为偏移；$Gain$ 为增益；DN 为像元值。

如果没有 Gain 和 Bias 的数据。辐射亮度也可以用下面的公式计算：

$$L = \frac{L_{\max} - L_{\min}}{QCAL_{\max} - QCAL_{\min}} * (QCAL - QCAL_{\min}) + L_{\min} \quad\quad (3\text{-}10)$$

式中，$QCAL$ 为某一像元的 DN 值，即 $QCAL = DN$；$QCAL$max 为像元可以取的最大值 255；$QCAL$min 为像元可以取的最小值。如果卫星数据来自 LPGS（The level 1 product generation system），则 $QCAL = 1$（Landsat-7 数据属于此类型）。如果卫星数据来自美国的 NLAPS（National Landsat Archive Production System），则 $QCAL$min = 0（Landsat-5 的 TM 数据属于此类型）。

根据以上情况，对于 Landsat-7 来说，可以改写为（$QCAL$min = 1）：

$$L = \frac{L_{\max} - L_{\min}}{254} \times (DN - 1) + L_{\min} \quad\quad (3\text{-}11)$$

对于 Landsat-5 来说，可以改写为（$QCAL$min = 0）：

$$L = \frac{L_{\max} - L_{\min}}{255} \times DN + L_{\min} \quad\quad (3\text{-}12)$$

本书把 ETM 影像 DN 值换算成辐亮度值时，所使用的辐亮度值如表 3.3 所示，landsat7 对 ETM 传感器信号处理部分在 2000 年 7 月 1 日进行了调整，使其可以在两种状态下工作，即高增益状态和低增益状态。从信号处理的角度讲，传感器的增益设置将影响其输出信号的强度，在图像上将表现为像元亮度的变化。因此，表 3.3 给出了 2000 年 7 月 1 日前后在两种工作状态下每个波段最大辐亮度 $L_{\max}$ 值和最小辐亮度 $L_{\min}$ 值。

表 3.3　　　　Landsat-7 ETM+各个反射波段的 $L_{\max}$ 和 $L_{\min}$ 值

波段 Band	2000 年 7 月 1 日之前				2000 年 7 月 1 日之后			
	低 Gain		高 Gain		低 Gain		高 Gain	
	$L_{\min}$	$L_{\max}$	$L_{\min}$	$L_{\max}$	$L_{\min}$	$L_{\max}$	$L_{\min}$	$L_{\max}$
1	-6.20	297.50	-6.20	194.30	-6.20	293.70	-6.20	191.60
2	-6.00	303.40	-6.00	202.40	-6.40	300.90	-6.40	196.50
3	-4.50	235.50	-4.50	158.60	-5.00	234.40	-5.00	152.90
4	-4.50	235.50	-4.50	157.50	-5.10	241.10	-5.10	157.40
5	-1.00	47.70	-1.00	31.76	-1.00	47.57	-1.00	31.06
7	-0.35	16.60	-0.35	10.93	-0.35	16.54	-0.35	10.80

Landsat5 对 TM 传感器信号处理部分在 2003 年 5 月 4 日也进行了调整。因此，表 3.4 给出了 2003 年 5 月 4 日前后每个波段最大辐亮度 L_{max} 值和最小辐亮度 L_{min} 值。

表 3.4   Landsat-5 TM 各反射波段的 L_{max} 和 L_{min} 值

波段 Band	1984 年 3 月 1 日至 2003 年 5 月 4 日		2003 年 5 月 4 日之后	
	L_{min}	L_{max}	L_{min}	L_{max}
1	-1.52	152.10	-1.52	193.00
2	-2.84	296.81	-2.84	365.00
3	-1.17	204.30	-1.17	264.00
4	-1.51	206.20	-1.51	221.00
5	-0.37	27.19	-0.37	30.20
7	-0.15	14.38	-0.15	16.50

一般低增益的动态范围比高增益大 1.5 倍，因此当地表亮度较大时，用低增益参数；其他情况用高增益参数。在非沙漠和冰面的陆地地表类型中，ETM+的 1~3 和 5，7 波段采用高增益参数，4 波段在太阳高度角低于 45 度时也用高增益参数；反之则用低增益参数。

3.3.1.2 大气校正及地面相对反射率计算

任何一种依赖大气物理模型的大气校正方法都需要先进行遥感器的辐射校准。大气对光学遥感的影响是很复杂的。Chavez（1996）等提出了基于图像本身的大气参数估计方法的大气校正 COST 模型为：

$$Lhazel = LI, min - LI, 1\% \tag{3-13}$$

其中，$Lhazel$ 为大气层光谱辐射值；LI, min 为遥感器每一波段最小光谱辐射值；$LI, 1\%$ 为反射率为 1% 的黑体辐射值。

遥感器的最小光谱辐射值 LI, min 的转换算式为：

$$LI, min = L_{min} + Q_{cal} \times (L_{max} - L_{min}) / Q_{calmax} \tag{3-14}$$

其中，Q_{cal} 为每一波段最小 DN 值（亮度值）；$Q_{calmax} = 255$；L_{max}、L_{min} 为常数，指遥感器光谱辐射值的上限和下限，从遥感数据头文件或权威部门定期公布信息中获取。

黑体辐射值 LI, 1%的转换算式为：

$$LI, 1\% = 0.01 * ESUNI * COS2(SZ)/(\pi * D2) \qquad (3-15)$$

这里的 LI, 1%是指假设黑体反射率为 1%各波段的黑体辐射值。

根据表 3.5 查得 TM 与 ETM 每个波段的大气顶层平均太阳辐照度值 ESU-NI。

表 3.5 　　　　　　　Landsat-7 和 Landsat-5 的大气层顶

平均太阳光谱辐照度 ESUN（$W \cdot m^{-2}-sr-1 \cdot \mu m^{-1}$）

波段 Band	1	2	3	4	5	7
Landsat-7 ESUN	1 969	1 840	1 551	1 044	225.7	82.07
Landsat-5 ESUN	1 957	1 826	1 554	1 036	215	80.67

D 为日地天文单位距离，它的获取可以通过儒略日计算得到。

求出给定年（I）、月（J）、日（K）的儒略日为：

$$D = K - 32\ 075 + 1\ 461 \times (I + 4\ 800 + (J - 14)/12)/4 + 367 \times (J - 2 - (J - 14)/12 \times 12)/12 - 3 \times ((I + 4\ 900 + (J - 14)/12)/100)/4 \qquad (3-16)$$

天文单位距离 $D = 1 - 0.016\ 74cos$（$0.985\ 6 \times$（$JD-4$）$\times \pi/180$）

综上所述，将辐射定标计算的 L_{satl} 值、大气校正得到的 L_{hazel} 值代入（3-16）式，即求得地面相对反射率。

3.4　COST 模型算法实现及其校正结果分析

研究区域位于天山中部南麓，塔里木盆地北缘。在行政上隶属库车县管辖。北近却勒塔格山，东与轮台县相邻，南到塔克拉玛干大沙漠与沙雅县接壤，西与新和县相邻。属于渭干河三角洲绿洲的一部分，同时属于库车县渭干河灌区部分。地理坐标：东经 82°40′00″E~83°30′00″E，北纬 41°00′00″N~41°40′00″N；所使用的遥感数据为 1989 年 9 月 25 日记录 Landsat-5 TM 图像、2001 年 8 月 1 日记录的 Landsat-7ETM+图像和 2006 年 7 月 22 日记录的 Landsat-5TM 图像，处于实际研究的需要，在对图像做了几何精校正之后，从中确定并截取覆盖实验区的子影像，然后对可见光波段 0.45～0.52um、0.52～0.60um、0.63～0.69um 以及近红外波段短波波段 0.76～0.90um、近红外中波波段 1.55-1.75um、近红外长波波段 2.08～2.35 um 用 COST 模型进行辐射定标和大气校正进行地面真实反射率的反演；模型中常规参数的确定见表 3.6 所示。

表 3.6　　　　　　　　　　遥感数据技术参数

数据类型	成像时间	太阳高度角 （度，*SE*）	太阳天顶角 （度，*SZ*）	儒略日	日地距离 （天文单位，*D*）
L5 TM	1989.09.25	41	49	2 447 795.4	1.016 71
L7 ETM	2001.08.01	58.679 737 1	31.320 262 9	2 452 123.9	1.010 61
L5 TM	2006.07.22	61.120 195 8	28.879 804 2	2 453 940.6	1.008 36

依据以上公式所提供的参数，在 ENVI 软件的 band math 命令下编辑公式，可得到研究区域 1989 年、2001 年及 2006 年的地面相对反射率图像。

本次依据研究区域土地利用图，分别对农田、盐渍地、荒漠、戈壁等地物进行采样，绘制出原始图像（图 3.2）、大气顶部反射率图像（图 3.3）、地表真实反射率图像的地物光谱响应曲线（图 3.4）。

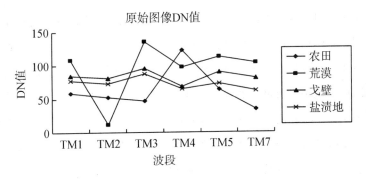

图 3.2　原始图像的地物光谱响应曲线

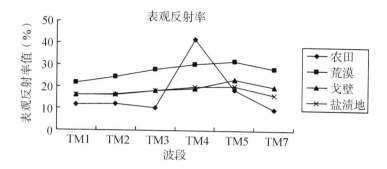

图 3.3   大气顶层反射率图像的地物光谱响应曲线

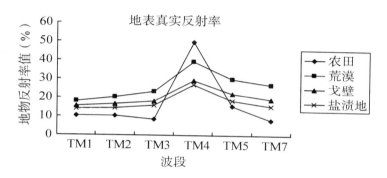

图 3.4   地表真实反射率图像的地物光谱像元曲线

由于大气引起的辐射误差主要是由大气散射和吸收引起的大气衰减，则由图 3.2、图 3.3 和图 3.4 可知，仅从地物光谱响应曲线的形态上看，原始图像中地物在蓝光波段的光谱响应值都比较高。与大气顶部反射率图像比较，地表反射率图像中地物在可见光波段（TM1、TM2、TM3）反射率减小，其中蓝光波段最为明显，绿光次之；这是因为对可见光波段而言，在大气窗口内的辐射失真主要是因散射引起，瑞利散射和其他散射常使可见光波段（400～700nm）的亮度值增加，受大气分子吸收的影响较小，其吸收的能量仅占衰减能量的 3%；但对更长的波段，大气的主要影响是吸收，而非散射；大气吸收是降低近红外和中红外波段（700～2 400nm）像元亮度值的主要影响因素；大气对可见光波段的散射影响主要是大气瑞利散射和气溶胶散射。其中，对蓝光波段的瑞粒散射最强，随着波长的增大而逐渐减弱。因此，可见光波段经过辐射校正后，可见光波段反射辐射下降，并且蓝光波段反射率减少最为明显。

而在近红外波段大气散射作用较小，大气程辐射主要是水汽和 O_3 吸收作用产生，理论上经过辐射校正后 ETM+ 在近红外和短波红外（TM4、TM5、TM7）波段反射率应该上升，但是实际校正的结果与期望的校正结果恰恰相反（图 3.4）。原因是，Landsat TM 近红外和中红外波段设置已经使大气吸收的影响最小化；因此，对单时相 Landsat TM 数据进行大气校正，其效果仅是对每个波段分别简单地调整偏差，使每个波段的最小值和最大值减小，由单时相影像提取的各个训练类型的均值会变化，但训练类的方差—协方差矩阵保持不变。实验区属于暖温带荒漠气候区，是典型的大陆性气候，降水量极少，多年平均降水量为 51.6mm，多年平均蒸发量为 2 123.7 mm，蒸降比为 40∶1。针对实验区大气状况，认为水汽对辐射传输的干扰远远小于灰尘和分子散射，因而校正后的近红外和短波红外辐射衰减。

3.4.1　辐射校正对 NDVI 的影响

为了进一步评价和验证模型对 ETM+ 大气校正的效应，对校正前后 NDVI 的变化进行了比较。图像上取一个相当于实际地面 15km 的横线共 400 个像元，对其进行统计分析（见图 3.5）。水汽、气溶胶和大气点扩散效应校正后 NDVI 明显增大；而通过 COST 模型进行地面二向反射辐射校正后，有效地消除了辐射失真，NDVI 值更接近真实值。

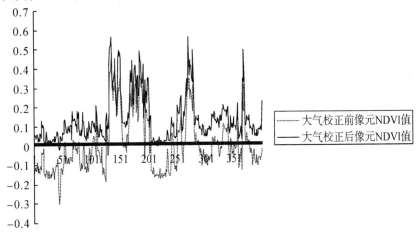

图 3.5　大气校正前后的库车绿洲的 NDVI 分布图

通过分析不同地物辐射校正前后 NDVI 值域变化，发现地表反射率图像计算出的 NDVI 增大明显（见图 3.6）。因此，消除大气影响在遥感的定量化研究、植被覆盖区域的提取及植被光谱响应特征分析等方面具有优势。

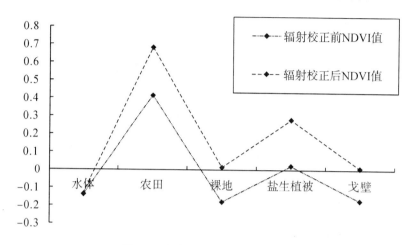

图 3.6　辐射校正对 NDVI 的影响

3.4.2　辐射校正光谱数据与野外测量光谱数据对比分析

通过将地面测量数据与卫星影像对应像元反射率值进行回归分析，可以进一步检验辐射校正的精确度。野外波谱测试与卫星扫描同步或准同步进行，将测量光谱波长反射率在各波段上求均值，可得到波段反射率曲线，然后与遥感影像光谱反射率值进行回归分析。提取经过大气校正后的地表反射率值，将野外实测的地物反射率在 TM 1-4 波段内求平均值，把影像地物光谱反射率值作为自变量 Y，实测地物光谱反射率值作为因变量 X，用 Excel 进行回归分析，得到分析图 3.7。由图 3.7 可知，相关系数 $R^2 = 0.908\ 2$，相关性较好。可以将经过辐射校正后的影像光谱值代替实测地物的光谱值进行分析，这为下一步直接在校正后的光谱影像中提取盐渍化土地的光谱信息及遥感定量建模提供了可靠的基础和依据。

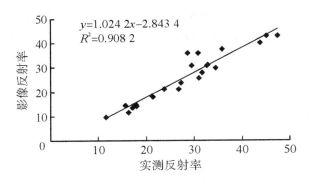

图 3.7　辐射校正后影像光谱值和实测光谱值的关系图

3.5　几何校正

在传感器采集地面光谱数据的时候，会由于传感器特性、搭载平台的瞬时位置、高度、速度、翻滚、倾斜、偏航等多种因素的影响而导致数据在一定程度上的失真。在利用遥感图像提取信息的过程中，要求把所提取的信息表达在一个规定的图像投影参照系统中，以便进行图像的几何测量、相互比较以及图像复合分析等处理。因此要进行图像的几何处理，也就是解决遥感图像的几何变形问题，对图像进行几何校正。它的重要性主要体现在三个方面：①对遥感原始图像进行几何校正后，才能对图像信息进行各种分析，制作满足量测和定位要求的各类地球资源与环境的遥感专题图。②当应用不同传感方式、不同光谱范围以及不同成像时间的各种同一地域复合图像数据来进行计算机自动分类、地物特征的变化监测或其他处理时，必须进行图像间的几何配准，保证不同图像间的几何一致性。③利用遥感图像进行地形图测图或更新对遥感图像的几何校正提出了更严格的要求。系统性的误差大多数情况下已经在卫星接收站经过了系统粗校正，然而仅经过系统粗校正的遥感图像不能消除所有畸变，无法满足应用和研究的需求。在实际应用过程中，必须对经过几何粗校正的影像进行几何精校正，才能确保数据的可靠性。

本书以研究区域 1∶100 000 地形图为地理参考图，首先对 2006 年的遥感图像进行几何校正，接着以 2006 年的图像为基准，校正 1989 年和 2001 年的图像。RMS 校正误差分别为 0.413 5、0.442 3 和 0.416 9，误差均在 0.5 个像元以内。

3.6　本章小结

本章通过 COST 模型大气校正方法反演出研究区域地表真实反射率，为后文定量提取盐渍化土壤信息打下坚实的基础。

本章研究在 COST 模拟模型的基础上，研究 TM、ETM+可见光、近红外波段遥感影像的大气辐射校正，计算 0.52~2.35 um 波谱范围内的大气顶部反射辐射，消除地表辐射失真，获取地表的真实反射率。通过实验证明，COST 模型可以有效地降低大气对电磁波传输过程中的影响和作用，也能够有效地减弱 TM、ETM+影像的辐射失真，且在数字上比较易处理，具有良好的可适用性。COST 模型所需参数易于获取，计算过程简单明了，便于操作。尽管是基于大气辐射传输过程的某些假设，但计算结果的精度完全能够满足一般研究和应用的要求。

本章研究以库车绿洲为研究靶区研究了遥感图像大气校正、辐射失真校正等内容。本书设计构建了适合干旱区遥感图像大气校正和辐射校正的流程，提出基于 COST 模型将遥感器记录的 DN 值转换为遥感器的光谱辐射值，即根据遥感器的增益与偏移进行遥感器定标；遥感器的光谱辐射值转换为遥感器的相对反射值；消除因大气吸收和散射造成的大气影响，即大气纠正，同时计算地球表面像元相对反射率算法过程；分别通过辐射校正对地物光谱响应特征及NDVI 的影响结果进行分析及辐射校正效果评价，并与野外实测地表光谱进行相关分析。研究结果表明，COST 模型可以有效地降低大气对电磁波传输过程中的影响和作用；在数字上比较易处理，具有良好的可适用性；本章的研究为后文定量提取盐渍化土壤信息打下坚实的基础；由于几何校正的重采样会影响原始像元值，因此几何校正之前进行大气校正并反演结果会更加符合实际。

4 基于决策树方法的盐渍地信息提取

提高遥感数据的专题信息计算机提取精度，一直是遥感研究的主要方向之一。盐渍地信息的提取是遥感专题信息提取的难点之一，目前其提取的方法仍主要以人机交互目视判读和分类的方法为主。但其分类结果因遥感图像本身的空间分辨率以及"同物异谱"和"异物同谱"现象的大量存在，出现较多的错分、漏分情况，导致分类精度降低。目前已经出现了多种新型分类方法，如神经网络分类法、模糊分类法、专家系统分类法、支撑向量机分类法、面向对象分类法等。但这些方法要么就是算法过于复杂、难以理解，要么就是对分类者有较高的遥感和地学知识要求，均未能在更大领域得到推广和应用。决策树分类作为一种基于空间数据挖掘和知识发现（Spatial Data Mining and Knowledge Discovery，SDM & KD）的监督分类方法，以往分类树或分类规则的构建要利用分类者的生态学和遥感的先验知识来确定，其结果往往与其经验和专业知识水平密切相关，而这种分类是通过决策树学习过程得到分类规则并进行分类，分类样本属于严格"非参"，不需要满足正态分布，可以充分利用 GIS 数据库中的地学知识辅助分类，大大提高了分类精度。因此，选择决策树分类方法不失为一种行之有效的盐渍地信息提取方法。

4.1 盐渍地的形成因素

导致土壤盐渍化的因素既包括自然因素如气候条件、水文地质条件、地形及植被条件等，还包括人为因素如人口压力、滥砍滥伐、盲目开垦、不合理的灌溉制度等。概括起来，渭—库绿洲土壤盐渍化诱因主要包括以下几个方面：

（1）气候与地形因素。渭—库绿洲属于暖温带大陆性气候，一般蒸发量是降雨量的 5~80 倍，盐分随毛管水上升到地表聚集起来。由于全年干旱少雨，因而常年发生蒸发积盐作用，随着盐渍化过程的发展，土壤逐渐变成盐土。渭—库绿洲研究区域盐渍化土壤主要分布在哈尔克山的低洼地带，由于地势低，排水不畅而使土壤发生盐渍化。

（2）水文地质与水化学条件。地下水位的高低与地下水的矿化度是盐渍化的又一主要成因。地下水年蒸发量随地下水位的升高而增高，因而通过毛管水带到地表的盐分也就愈多。不同矿化度的地下水对盐渍化的发生程度也有不同的影响，矿化度愈高，积盐程度就愈严重。地下水位的高低和水化学成分的不同又与地形、地质条件有很大关系，特别是在干旱和半干旱地区流域下游的蝶形洼地、封闭平原，因地下水滞留及蒸发作用使盐分不断浓缩上移，使地表积盐。渭—库绿洲地下水矿化度较高，地下水位较浅，因此易引起土壤盐渍化。

影响地下水化学成分的因素还有土壤母质。该研究区域地质地貌是喜马拉雅运动和第四纪以来，褶皱变动作用下生成的第三纪红色、黄褐色岩层，经过化学风化和物理风化过程后，可溶盐类随水运行至地表，为土壤盐渍化提供了大量的盐类物质。

（3）土壤质地因素。土壤质地不同，则土壤的孔隙状况不同，因而也直接影响盐分的积累过程。黏质土壤的毛管过于细小，毛管水上升高度受到抑制，所以黏土地下水临界深度较小，土壤比较不易盐化。砂质土的毛管孔隙直径较大，地下水借毛管力上升的速度快，但高度较小，其地下水临界深度略大于或近于黏质土，土壤也比较不易盐化。粉砂土毛管适中，地下水位上升速度快，高度也较大，地下水临界深度也大，土壤易产生盐渍化。土壤结构亦影响毛管水分的运行。表层结构良好的土壤可阻碍水盐上升地表，临界深度也较小。渭—库绿洲的土壤大都以粉砂质为主，因此，极易引起土壤盐渍化。在盐碱土中生长着一些耐旱、耐盐碱的植物，它们具有抗盐和积盐的能力。这些植物大多为深根植物，它们从土层深处和地下水中吸收盐分积累在植株体内；当植物死亡后，有机体分解，盐分又回到土壤中，使土壤不断积盐，或者盐分分泌到植株体外，然后随风飘落到地面。因此，这些植物对土壤具有一定的积盐作用。新疆具有积盐作用的植物有芦草、冰草、岌艾、怪柳、盐爪爪、梭梭、骆驼刺、罗布麻、甘草等。

（4）人为因素。由于人口的急剧增加，对土地资源和水资源的需求迅速增加，导致不合理的开垦和地下水开采及不合理的耕作制度和灌溉方式，最终使土壤盐渍化加重。造成渭—库绿洲土壤盐渍化的人为因素首先在于灌溉制度，以大水漫灌为主的灌溉方式，加上低效的排水设施，引起土壤中的盐分积累；其次是水库、渠道渗漏严重，抬高了附近的地下水位，从而发生返盐。另外，采用盐水灌溉，但缺少淡水冲洗措施，也导致了土壤盐渍化。

4.2　决策树分类法概述

4.2.1　决策树分类法的概念

自然界的地面景物是多种多样的。这些地物本身处于不断运动变化中，加上自然和人为因素的影响，更增加了地物的复杂多变性。在遥感图像上，这种景物或现象的复杂性表现在它们的影像特征和组合关系是多变的；它们的可分性与不可分性也时刻在变化，有的情况下是可分的，有的情况又是不可分的。由于景物的复杂多变性，给遥感图像识别带来许多难题，在面对这些复杂的景物或现象时，我们不可能用一个统一的分类模式来描述或进行区域景物的识别与分类。因而，对于这些看似"杂乱无章，错综复杂"的景物往往需要深入研究它们的总体规律及内在联系、理顺其主次或因果关系，建立一种树状结构的框架。即建立所谓的分类数来说明它们的复杂关系，并根据分类树的结构逐级分层次地把所研究的目标——区分、识别出来，这就是我们所指的决策分层分类法。

这种建立分类树的方法常被用于处理复杂的景物、现象或一组复杂的数据等，如图书分类、学科分类、动植物属种分类等；从遥感应用的角度，以分类树的形式表示地表特征类别的总体结构与分层关系。此分类树是根据具有信息价值的各种类别的内在关系绘制的，它看似一颗倒立的树，顶部是一般地表特征类别（云、地表水体、植被、裸地、人工特征）。它们又被进一步划分为适当的子类，如植被又被分为天然植被与人工栽培植被（农作物）；天然植被又分为森林、灌丛、草地……如此继续分下去。也可以根据特定的目的，把分类树中感兴趣的部分描述得更为详细。应该说目前航天遥感的发展已经使我们有可能在分类树的不同节点上，选择不同的遥感数据和适宜的数据分析方法，来最终实现各类别的区分和提取。

4.2.2　决策树分类法的特点

决策树分类法的特点大致如下：

（1）用逐级逻辑判别的方式，使人的知识及判别思维能力与图像处理有机结合起来，避免出现逻辑上的分类错误。

（2）运用决策树分类，把复杂景物或现象按一定原则做了层层分解后，它们的关系被简化了。由于在分类树的各个中间节点上只存在较少的类别，面对较少的对象就有可能选择更有效的判别函数或有针对性的分类方法，如选择合适的波段与波段组合、采用不同的算法或加一些辅助数据进行复合处理等。其针对性更强，分类精度更高。

（3）根据不同目的要求进行层层深化，相互关系明确，局部细节描述得更为清楚，每个节点上只需考虑与区分目标有关的最佳变量，这就避免了数据的冗余，减少了数据的维数，能更充分地挖掘数据的潜能。

（4）由于分类树法对训练区内的统计并非基于任何"正态或中心趋势"，假设分类树法比传统的统计分类方法更适于处理非正态、非同质（分布不均）的数据集，这对于特定的类别可以产生不止1个（多个）终端节点。

（5）知识的参与灵活方便，可以在不同层次间以不同形式（逻辑判断或物理参数、数学表达式等）介入，便于遥感与地学知识的融合。

（6）分类树能一目了然地显示任何独立变量的层次特征、相互关系，以及它们在分类中的相对重要性（权重）等，操作者可以实实在在看到分类过程中所发生的一切，避免"暗箱"操作。

4.2.3　建立决策树的条件

建立决策树的条件主要包括以下三个：

（1）所要表达的类别在各层次中均无遗漏。

（2）各类别均必须具有信息价值，即必须与识别的目标对象有关联、有意义，在分类中能起到作用。

（3）所列类别必须是通过遥感图像处理能加以识别、区分的，也就是在图像上有明确的显示或可以通过图像数据来表达。

对于某一景物或现象而言，同时满足以上三个条件的分类树可以有多种。不同的人考虑问题的角度和理解程度不同，所建立的分类树、寻找的分类途径均不同。但是，一个分类树设计得好坏在于，各分类结点上的类别间差异越大，遥感的可分性越高，分类的精度才能越高。因此，特征选择问题，即波段与方法的选择至关重要，选择何种遥感数据源、采用何种分类方法以及分析者的水平直接影响到识别与分类的结果。

4.3 建立决策树的基本方法

4.3.1 最佳波段组合

利用遥感数据进行地物信息提取，研究者既希望有更多的光谱波段、辅助数据以及由此生成的各种专题影像来增强对信息的提取，又希望利用较少的数据进行有效的分析，以提高信息提取的效率。过多的影像同时参与地物信息提取与分类，不但会降低计算机的运行速度、增加计算时间，而且冗余的数据反而会影响对地物信息的提取、降低精度；而遥感数据的各波段之间具有较高的相关性，因此如何从遥感提供的多光谱数据中快速、准确地选取最佳波段，以便有效提取图像的解译和信息是遥感数字图像处理的关键问题之一。通常，波段选择考虑三方面的因素：①波段或波段组合信息含量的多少；②各波段间相关性的强弱；③研究区域内欲识别地物的光谱响应特征如何。那些信息含量多、相关性小、地物光谱差异大、可分性好的波段组合就是最佳组合。因此，笔者欲将原始影像6个波段（第6波段除外）、K–L变换后的6个波段、K–T变换后的前3个波段，一共15个波段，进行组合；优选出对盐渍地信息提取效果最佳的三个波段组合。

4.3.1.1　主成分变换（K-L 变换）

已经证明，主成分分析（通常称为 PCA 或 K-L 变换）在多光谱和高光谱遥感数据的分析中很有价值。主成分分析是将原始的遥感数据集变换成非常小且易于解释的不相关变量，这些变量含有原始数据中大部分信息。主成分是从原始数据中衍生出来的，第一主成分包含了原始数据集中方差最大的那部分，接着的相互垂直的组分包含了剩余方差的最大部分。能将 n 维降低到少数几维的降维（即数据集中必须用来分析生成有用结果的波段数）处理是一个重要的经济考虑，特别是当转换后的数据中可以恢复得到的潜在信息能够与原始遥感图像一样多时，更是如此。

为了进行主成分分析，首先要对一个具有相关性的多光谱数据集进行变换。如表 4.1 渭—库绿洲 TM 影像所示，其 6 个波段都高度相关；对具有相关性的遥感数据集进行变换后，会生成另一个不相关的、按方差特性排序的多光谱数据集。

表 4.1　　　　渭—库绿洲 2001 年 TM 影像的统计量

波段 μm	1 0.45~0.52	2 0.52~0.60	3 0.63~0.69	4 0.76~0.90	5 1.55~1.75	7 2.08~2.35
单变量统计						
均差	12.06	12.42	12.90	30.06	16.47	12.50
标准差	4.20	4.60	5.37	11.30	6.47	5.96
方差	17.64	21.16	28.84	127.69	41.86	35.52
最小值	0	0	0	0	0	0
最大值	29.34	32.11	35.54	104.28	63.21	60.50
相关矩阵						
1	1					
2	0.99	1				
3	0.96	0.98	1			
4	0.68	0.66	0.53	1		
5	0.93	0.94	0.92	0.72	1	
7	0.90	0.93	0.95	0.51	0.96	1

主成分分析能够去除波段之间的多余信息，这就意味着利用波段之间的相互关系，在尽可能地不丢失信息的同时，用几个综合性波段代表多波段的原图像，使处理的数据量减少。也就是说，主成分分析是将相关的多波段信息通过数学转换成不相关的信息。在实际的主成分分析中，这些主成分是对原始数据进行线性变换而获得。首先计算各波段之间的协方差矩阵，然后求出协方差矩阵的特征值（eigenvalue）和待征向量（eigenvectors）。如果我们有几个波段的图像，用 λ_p 代表第 6 波段待征值（$p=1, \cdots, n$），则各主成分中所包含的原数据总方差的百分比%p 可以用下式表示：

$$\%p = \frac{\lambda p \times 100}{\sum\limits_{i=1}^{n} \lambda p} \tag{4-1}$$

表 4.2 渭—库绿洲 2001 年 TM 影像 K-L 变换后影像特征值（λ_p）

	主成分 p					
	1	2	3	4	5	6
特征值 λ_p	217.94	50.50	3.63	0.39	0.24	0.06
差值	167.44	46.87	3.24	0.15	0.18	—
总方差 = 272.76						
百分比	79.90	18.51	1.33	0.15	0.09	0.02
累计百分数	79.90	98.41	99.74	99.89	99.98	100

将 K-L 变换后所有的影像特征值（表 4.2）相加，如果所有特征值的总和 $\sum\limits_{i=1}^{n} \lambda p$ 是 200，第一特征（A1）是 160，则第一主成分（PC1）包含了所有波段中 80% 的方差信息。用 α_{kp} 代表第 k 波段和第 p 波段主成分之间的特征向量，则第 k 波段和第 p 波段主成分之间的相关系数为 R_{kp}，可以用下式表示：

$$R_{kp} = \frac{\alpha_{kp} \times \sqrt{\lambda_p}}{\sqrt{v_{ark}}} \tag{4-2}$$

式中：v_{ark} 为第 k 波段的方差。一般各波段和第一主成分（PC1）的相关系数较高，和后面的主成分的相关系数则逐渐变小。因此在实际应用主成分分析中，如对 TM 的主成分分析，一般 PC1、PC2、PC3 就包含了 95% 以上的信息，而后面的主成分几乎多数是噪音，无法提供有用的信息。由于主成分图像能大量地压缩数据量，一些多波段图像分类和增强处理可以在主成分图像上进行，从而节省特征提取的处理时间。如表 4.3 所示经过主成分变换后的渭—库绿洲影像的统计表：

表 4.3　　渭—库绿洲 2001 年 ETM 影像 K-L 变换的特征向量（α_{kp}）

		主成分 p					
		1	2	3	4	5	6
波段 k	1	0.634	0.289	0.093	−0.072	0.014	0.031
	2	0.291	−0.638	0.053	0.048	−0.05	−0.028
	3	0.100	−0.020	−0.694	−0.090	0.006	0.008
	4	0.057	0.087	−0.083	0.666	−0.165	−0.106
	5	0.020	−0.036	−0.013	0.181	0.678	0.070
	6	−0.011	−0.021	−0.005	0.090	−0.097	0.694

由特征值 λ_p、特征向量 α_{kp} 和方差 v_{ark} 代入式（4-2）得出波段与主成分之间的相关系数，如表（4.4）所示。

表 4.4　　　　各波段 k 与各主成分 p 的相关程度 R_{kp}

		主成分 p					
		1	2	3	4	5	6
波段 k	1	0.969	0.404	0.558	−0.721	0.145	0.683
	2	0.974	0.360	0.600	−0.726	0.123	0.643
	3	0.939	0.208	0.608	−0.648	−0.025	0.555
	4	0.777	0.938	0.545	−0.917	0.644	0.934
	5	0.983	0.449	0.818	−0.729	0.140	0.700
	6	0.926	0.190	0.796	−0.571	0.000	0.529

对原始图像这样处理以后，与传统的彩色红外合成影像相比，主成分的合成影像在色差及其分布上可以显示出更细微的差别。如果第一、第二、第三主成分解释了数据集的大部分方差，那么可能不用原始的 TM 7 个波段的数据，而只用这 3 个主成分影像来进行影像增强或分类。这会大大减少要分析的数

据量。

4.3.1.2 缨帽变换（K-T 变换）

Kauth-Thomas 于 1976 年发现了一种线性变换，使坐标轴发生旋转，旋转之后坐标轴的方向与地物，特别是和植物生长及土壤有密切关系，这种变换就是 K-T 变换，又称缨帽变换（Tasseled Cap）。主成分分析的相关系数是原数据波段间协方差或相关系数的函数。这个特征使得主成分分析可以根据实际的图像产生从数据压缩角度看来最好的转换，但却使得从不同图像得到的主成分难以进行互相比较。通常可以按照实际图像上的物理特征对主成分图像进行解译，但这种解译对每幅图像都是不同的。显然，研究一种基于图像物理特征上的固定转换，这对于数据分析是非常实用的。这种固定转换最早由 Kauth 和 Thomas（1976）提出。

K-T 变换是对原图像的坐标空间进行平移和旋转，变换后新的坐标轴具有明确的景观含义，可与地物直接联系。变换公式为：

$$Y = CX + a \tag{4-3}$$

式中：X 为变换前多光谱空间的像元矢量；Y 为变换后多光谱空间的像元矢量；C 为变换矩阵；a 为避免出现负值所加的常数。

K-T 变换的研究主要集中于 MSS 和 TM 数据的应用分析。他们在用 MSS 研究农作物生长时注意到 MSS 图像 DN 值的散点图表现出一定连续性，比如一个三角形的分布存在于第二和第四波段之间。随着作物生长这个分布显示出一个似"穗帽"的形状和一个后来被称作"土壤面"的底部。随着作物生长农作物像元值移到穗帽区，当作物成熟及凋落时，像元值回到土壤面。他们用一种线性变换将 4 个波段的 MSS 转换产生 4 个新轴，分别定义为一个由非植被特性决定的"土壤亮度指数"（Soil Brightness）；一个与土壤亮度轴相垂直的、由植被特性决定的"绿度指数"（Greenness）；一个是"黄度指数"（Yellow Stuff）和"噪声"（Non-Such），后者往往指示大气条件。由于 TM 数据具有波段多、分辨率高等优点，随着 TM 图像的广泛应用，近年来 K-T 变换研究由 MSS 转向 TM 数据。Crist 和 Cicone 在 1984 年提出了对 TM 数据做缨帽变换时的转换矩阵：

$$C = \begin{bmatrix} 0.303\,7 & 0.279\,3 & 0.474\,3 & 0.558\,5 & 0.508\,2 & 0.186\,3 \\ -0.284\,8 & -0.243\,5 & -0.543\,6 & 0.724\,3 & 0.084\,0 & -0.180\,0 \\ 0.150\,9 & 0.197\,3 & 0.327\,9 & 0.340\,6 & -0.711\,2 & -0.457\,2 \\ -0.824\,2 & -0.084\,9 & 0.439\,2 & 0.058\,0 & 0.201\,2 & -0.276\,8 \\ -0.328\,0 & -0.054\,9 & 0.107\,5 & 0.185\,5 & -0.435\,7 & 0.808\,5 \\ 0.108\,4 & -0.902\,2 & 0.412\,0 & 0.057\,3 & -0.025\,1 & 0.023\,8 \end{bmatrix}$$

C 是一个 6×6 的矩阵，对于不同传感器获取的 TM 图像，矩阵 C 的系数值应做相应的调整。

在式（4-3）中，$X = [x_1, x_2, x_3, x_4, x_5, x_6]\,T$ 对应于 *TM* 图像的 1，2，3，4，5，7 波段，去掉了分辨率低的 6 波段。变换后 $Y = [y_1, y_2, y_3, y_4, y_5, y_6]\,T$，这 6 个分量相互垂直，前 3 个分量具有明确的地物意义：

y_1 亮度——TM 数据 6 个波段亮度值的加权和，反映了总体的亮度变化。

y_2 绿度——与亮度分量垂直，是近红外与可见光波段的对比。从变换矩阵 C 的第二行系数可以看出，波长较长的红外波段 5 和 7 相互抵消很大，而近红外段 4 与可见光波段 1、2、3 部分的差值与图像上绿色植物的数量密切相关。

y_3 湿度——与土壤的湿度有关。从变换矩阵 C 的第三行系数可以看出，这个分量反映了可见光与近红外（1~4）波段及红外波段（5、7）的差值，而 5、7 波段对土壤和植被的湿度最为敏感（见表 4.5）。

表 4.5　　渭—库绿洲 2001 年 ETM 影像 K-T 变换的特征向量

波段 k	K-T 变换分量					
	1	2	3	4	5	6
1	0.673 497	0.034 889	-0.209 150	-0.033 059	0.041 154	0.013 470
2	0.041 436	0.662 584	0.242 159	0.017 523	-0.017 734	-0.000 972
3	0.209 932	-0.242 125	0.615 623	0.134 209	-0.016 891	0.002 797
4	-0.019 216	0.000 967	-0.065 734	0.252 078	-0.654 486	-0.058 505
5	-0.003 743	0.033 696	-0.119 325	0.644 469	0.254 286	0.067 825
6	0.014 932	0.001 982	-0.007 946	0.041 154	0.078 918	-0.701 271

其他 3 个分量 x4，x5，x6 还没有发现其与地面景观有明确的关系，因此

在应用中可以只选用前 3 个分量，实现数据压缩。

4.3.1.3　最佳指数因子（OIF）

Chavez 等（1982；1984）提出了最佳指数因子（Optimum Index Factor, OIF），该因子对 TM 数据 6 个波段（不包括热红外波段）得出的 20 种 3 波段组合进行排序。这种方法可以应用于任何多光谱遥感数据集，它基于各个波段组合内和组合间的总方与相关性的数量特征。任意 3 波段影像集的 OIF 算法如下：

$$OIF = \frac{\sum\limits_{k=1}^{3} S_k}{\sum\limits_{j=1}^{3} Abs(r_j)} \tag{4-4}$$

其中，S_k 是第 k 波段的标准差；r_j 是待评估的 3 个波段中任何 2 个波段间相关系数的绝对值。图像数据的标准差越大，所包含的信息量也越大，而波段间的相关系数越小，表明各波段图像的独立性越高，信息冗余度越小，这就是最佳指数的理论依据。具有最大 OIF 值的 3 波段合成影像一般包含最多的信息（用方差来测度）和最少的冗余（用相关性来测度）。排在第二或第三位的波段组合，具有与最大 OIF 值的 3 波段组合类似的结果。因此，笔者将渭—库绿洲 TM 影像的原始 6 个波段（第 6 波段除外）、K-L 变换 6 个波段和 K-T 变换前 3 个波段重新组合成一个有 15 个波段的图像，从而计算最佳指数因子（见表 4.6）。

表 4.6　渭—库绿洲 2001 年 ETM 影像波段组合相关矩阵统计量表

band	1	2	3	4	5	6	7	8	9	10	11	12	13	14	15	stdev.
1	1															4.202
2	0.991	1														4.597
3	0.958	0.98	1													5.373
4	0.684	0.655	0.53	1												11.3
5	0.93	0.944	0.925	0.724	1											6.472
6	0.897	0.929	0.954	0.513	0.956	1										5.959
7	0.969	0.974	0.939	0.777	0.983	0.9255	1									13.55
8	0.404	0.36	0.208	0.938	0.449	0.1899	0.511	1								8.798
9	0.558	0.6	0.608	0.545	0.818	0.7962	0.718	0.346	1							2.747
10	0.721	0.726	0.648	0.917	0.729	0.5707	0.802	0.806	0.481	1						1.713
11	0.145	0.123	0.025	0.644	0.14	0.0003	0.229	0.745	0.129	0.548	1					0.779
12	0.683	0.643	0.555	0.934	0.7	0.5288	0.76	0.854	0.519	0.896	0.621	1				0.761
13	0.918	0.909	0.836	0.907	0.934	0.8126	0.969	0.705	0.672	0.895	0.402	0.87	1			14.08
14	0.228	0.277	0.425	0.539	0.158	0.4145	0.11	0.796	0.05	0.361	0.699	0.453	0.133	1		6.73
15	0.837	0.872	0.895	0.535	0.96	0.982	0.903	0.233	0.889	0.554	0.011	0.531	0.802	0.337	1	5.268

其中 1~6 波段是 ETM 图像的原始 1，2，3，4，5，7 波段，7~12 波段是

经过 K-L 变换后的 6 个波段，13~15 波段是 K-T 变换后的前 3 个波段。

重新组合的 15 个波段 3 个一组，相互组合，共有 455 种波段组合，分别计算它们的 OIF 值，如表 4.7 所示。

表 4.7　　渭—库绿洲 2001 年 ETM 影像波段组合 OIF 值及排序

波段组合	OIF	排序	波段组合	OIF	排序
band7/13/14	28.340 5	1	band7/11/13	17.750 2	21
band9/13/14	27.532 1	2	band6/7/11	17.572 1	22
band7/9/14	26.257 9	3	band11/13/14	17.488 2	23
band5/13/14	22.272 5	4	band3/7/14	17.42 1	24
band4/7/14	22.15 6	5	band6/7/8	17.401 5	25
band5/7/14	21.395 5	6	band7/10/14	17.286 6	26
band7/8/14	20.529 4	7	band4/5/14	17.241 4	27
band13/14/15	20.503 1	8	band7/11/15	17.16 1	28
band4/13/14	20.332 5	9	band6/11/13	17.132 2	29
band7/11/14	20.307 6	10	band6/8/13	16.885 2	30
band6/13/14	19.674 2	11	band7/8/15	16.768 1	31
band1/13/14	19.546 6	12	band3/7/8	16.723 2	32
band2/13/14	19.243 5	13	band7/8/13	16.663 9	33
band7/14/15	18.941 9	14	band6/8/11	16.609 1	34
band3/13/14	18.780 8	15	band11/13/15	16.572 6	35
band1/7/14	18.737 3	16	band3/7/11	16.520 6	36
band4/9/14	18.321 1	17	band4/14/15	16.514 7	37
band2/7/14	18.275 8	18	band1/9/14	16.365 9	38
band8/13/14	18.115 1	19	band4/6/14	16.360 1	39
band6/7/14	18.103 5	20	band10/13/14	16.202 8	40

OIF 越大，则相应组合图像的信息量越大。对 *OIF* 按照从大到小的顺序进行排列，即可选出最优组合方案；但 *OIF* 值不能作为唯一的判别标准，因此笔者还选择了影像的叠合光谱图作为判别指标。

4.3.2　叠合光谱图

叠合光谱图（coincident spectral plot），又称多波段响应图表，是建立在光谱数据统计分析的基础上。首先进行各波段、各类别光谱特征的统计分析，主要计算均值、方差，再将分析计算结果表示在图表上，如图 4.1 所示。在此图表中绘出每种类别在每个波段中的平均光谱响应，用各种字母分别表示不同类型，并算出各类别相对于均值的标准偏差" σ "，以均值为中点的星线长度表示" $\pm\sigma$ "，即表示该类别亮度值取值的离散程度。因此，星号线越长，就表示数据的方差越大，变量与均值的偏差（离散程度）也就越大；反之，方差较小的类别（和波段），则星线较短。

叠合光谱图直观地显示了不同类别在每一个波段中的位置、分布范围、离散程度、可分性大小等，是一种以定量方式对类别数据的光谱特征进行分析与比较，选择最佳波段和波段组合，建立分类树的直观、简便、有效方法。

　　以渭—库绿洲盐渍地分类为例来说，为了进行盐渍地信息提取研究，需要对一个研究区域的盐渍地进行分类和制图，即区分出盐渍化区内不同盐分类型（不同含盐量的土壤）。此项工作是在叠合光谱图分析的基础上，运用遥感分层分类法完成的。

　　研究区域位于新疆哈尔克山南部，根据不同含盐量土壤的光谱特征差异以及考虑到一些基本的地面覆盖类型，确定了待区分的五种类别：三种盐渍地（轻度、中度、重度）以及农田和荒漠，并分别用字母 A-F 表示。所选用的数据源为 Landsat-5 与 Landsat-7 的 TM、ETM 的数据，它包括三个可见光通道、一个近红外通道和两个中红外通道。

　　选择五种不同类别的训练区，并对训练区五种不同类别的光谱特征进行统计分析，计算均值、标准差。绘制叠合光谱图（图 4.1），将五种类别（A-E）在每个通道中的平均光谱响应范围表示在图上。即字母的位置表示这一类别在该波段中的均值位置，以均值为中点的星线长度为 $\pm\sigma$。于是各类别在各波段所处的位置、分布范围、离散程度以及各类别之间取值的重叠状况、可分性大小均一目了然地呈现在叠合光谱图上。

　　图中显示第 14 通道 TCZ 是把 A（农田）勉强与其他类别区分的最佳通道，可以建立判别界线，4、5、6、7、13 通道是区分 B、C、D 类的最佳通道。E 类没有通道可以区分，因此只有定义基于知识的分类规则进行区分。根据最佳指数因子（O_{IF}）的计算结果、叠合光谱图和合成影像的目视效果，我们选择 9（PC3）、13（TC1）、14（TC2）作为分类的最佳波段组合。

4.3.3　建立分类规则

4.3.3.1　土壤调整植被指数（SAVI）

　　使用归一化植被指数（NDVI）和其他相关植被指数进行地球植被覆盖的航天航空遥感评估，已经有大概 30 年的历史了。对 NDVI 季节数据进行时间序列分析，可估算不同生物群系净初级生产力，监测地表植被物候周期类型以

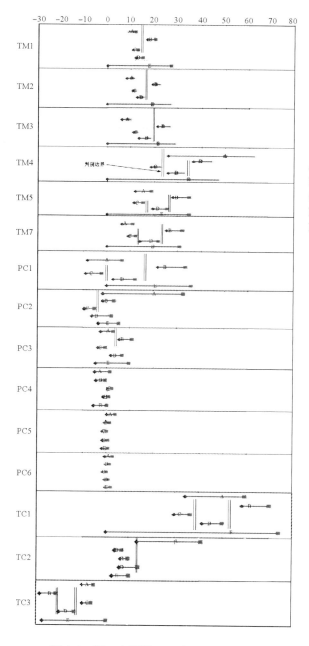

类别代换：
A=植被
B=非盐渍地土壤
C=轻度盐渍地
D=中度盐渍地
E=重度盐渍地

图4.1 渭—库绿洲2001年ETM影像波段组合叠合光谱图

及评价生长季节和干旱期的长度。例如，最初的全球植被分析是对NDVI值（由AVHRR，Landsat MSS，Landsat TM 或 SPOT HRV 数据得出）和实测的

LAI，APAR 以及覆盖百分比和/或生物量进行线性回归分析，此方法在 10 年内就革新了全球地面覆盖的生物物理分析方法。然而，研究发现通过经验获取的 NDVI 产品并不稳定，它会随着土壤颜色和含水量、二向性反射分布函数（BRDF）效应、大气状况和冠层自身存在的死亡物质而变化。例如，Goward 等（2002）发现，由 NOAA 全球植被指数产品中得到的用于全球植被研究的 NDVI 影像，其误差为 50%。虽然 NDVI 在估计植被特征方面非常有用，但是很多重要的内外因素限制了其在全球研究中的使用，改进的植被指数特别整合了土壤背景状况和/或大气调整因子。

土壤调整植被指数（Soil Adjusted Vegetation Index，SAVI）为：

$$\text{SAVI} = \frac{(1 + L)(\rho_{nir} - \rho_{red})}{\rho_{nir} + \rho_{red} + L} \tag{4-5}$$

其中，L 为冠层背景调整因子，考虑的是通过冠层时的红光和近红外消光差异（Huete，1988；Huete 等，1992；Karnieli 等，2001）。当反射空间的 L 值为 0.5 时，可将土壤亮度差异减到最小，并可以避免针对不同土壤的额外定标工作（Huete 和 Liu，1994）。研究表明，使用 SAVI 可以将 NDVI 中固有的土壤"噪声"减到最小（Bausch，1993）。Qi 等（1995）提出了修正的土壤调整指数，称为 MSAVI，它采用一个迭代的连续函数 L 来优化对土壤的调整，增加了 SAVI 的动态范围。

盐土对植物生长发育的不利影响，主要表现阶段有以下几个方面：第一是因植物生理干旱盐土中含有的大量可溶性盐类提高了土壤溶液的渗透压，从而引起植物的生理干旱，使植物根系及种子萌发时不能从土壤中吸收到足够的水分，甚至还会导致水分从根细胞外渗，使植物枯萎，严重时甚至会使植物死亡；第二是当植物组织土壤含盐分太高时，会伤害植物组织，尤其在干旱季节，盐类积取胜在表土，常伤害根、茎交界处的组织。在植被处于中、低覆盖度时，土壤调整植被指数随覆盖度的增加而迅速增大，当达到一定覆盖度后增长缓慢，所以适用于植被早、中期生长阶段的动态监测。8 月份正是研究区域植物生长中期。根据土壤盐渍化程度和植被覆盖程度的统计可以看出，土壤盐渍化程度越低，植被的覆盖度就越高，因此可以通过根植被覆盖状况去划分土壤盐渍化程度。当土壤含盐量很高时，植物生长受到强烈抑制，植被覆盖极低，SAVI 受土壤信息影响大；当土壤含盐量很低时，植被覆盖很高，SAVI 处在了缓慢增长期，对植被覆盖度的变化不敏感。因此，通过对 NDVI 设定一定的阈值可以较好区分植被与非植被区（如图 4.2 所示）。

1∶600 000

图 4.2　研究区域 SAVI 分布图

4.3.3.2　改进的归一化差值水体指数（MNDWI）

徐寒秋等（2008）对新近提出的增强型水体指数（EWI）：EWI＝［Green－（NIR＋MIR）］／［Green＋（NIR＋MIR）］进行了分析和讨论，分别用经过大气校正和未经大气校正的两种影像来对该指数做了验证，并与改进的归一化差值水体指数（MNDWI）：MNDWI＝（Green－MIR）／（Green＋MIR）进行比较。结果表明该指数在经过大气校正的影像中对水体的增强和提取效果不理想，许多水体影像特征不但未能得到增强，反而受到抑制而被漏提。造成漏提的因素有两个：其一，大气效应的叠加使得绿光 2 波段获得虚高值。使得许多水体在绿光波段的反射率小于其在近红外和中红外波段的反射率之和，从而造成 EWI 出现负值。这些呈负值的水体不但得不到增强，反而会受到抑制，从而导致这些水体被漏提。其二，指数的构建本身存在缺陷。总之，EWI 指数在大气校正影像中的失效就在于指数创建的强弱关系被破坏。所以，笔者仍然选择改进的归一化差值水体指数（MNDWI）。MNDWI 指数，它无论在大气校正的影像或未经大气校正的影像中都能将水体有效地提取出来，其精度远高于 EWI。这主要得益于其构建严格按照归一化指数的原理进行，其所选用的弱反射波段为单个波段，且为受悬浮物和叶绿素影响远比近红外波段小的中红外波段。所以，虽然大气校正也同样造成其 2 波段值的减幅超过了 5 波段，但其程度远弱于 EWI，因为 2 波段的值仍明显大于 5 波段，所以，在大气校正的影像中水体的 MNDWI 值可以保持正值，使得水体信息得以有效提取，从而保证了 MNDWI 指数像 NDVI 指数一样，无论是在原始未经大气校正的影像或经大气校正的影像中都可以有效使用。因此，笔者选用 MNDWI 指数提取水体，然后做掩膜处理（如图 4.3 所示）。

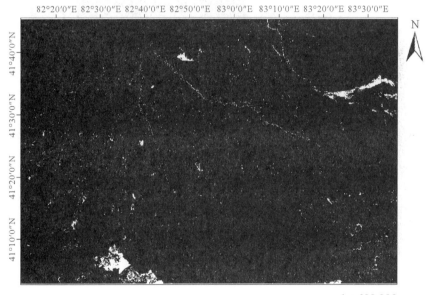

1 : 600 000

图 4.3　研究区域 MNDWI 分布图

4.3.3.3　地形因子

盐渍化土壤是在一定的环境条件下形成和发育的，在众多的环境因素中，又以气候、地形、地质、水文和水文地质及生物因素的影响最为显著；微地貌控制着地表物质和能量的分配地表径流和地下水的活动，从而对水盐在不同中小地形部位的重新分配起着支配作用。土体中的盐分产生重新分异，高地以淋溶为主，洼地既不淋溶也不累积，坡地则累积于地表形成了盐碱地。王红等（2006）研究不同地貌因素作用于不同尺度坡度的影响主要在小、中尺度，微地貌在中、大尺度高程则在所有尺度都对土壤盐分分布格局产生影响；不同微地貌类型土壤盐分存在分异；滩涂地和平地土壤盐分较高，河滩地、河成高地和洼地则较低。从研究区域的地形坡度发现，上部的地形坡度较下部的大，当地形坡度值大于 0.98 时，研究区域土壤是不会发生重度盐渍化的，并且当坡向朝北，即坡向小于 22.5 或大于 337.5 时，也不会发生重度盐渍化，因此增加了地形坡度因子（见图 4.4）与坡向因子（见图 4.5），以消除某些非重度盐渍化土壤和重度盐渍化土壤的误识别现象。

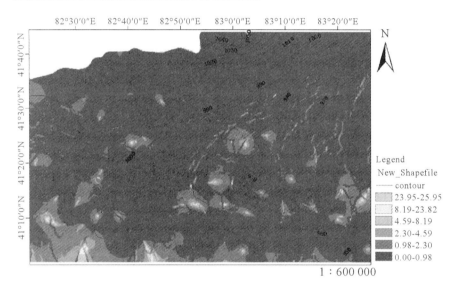

图 4.4　研究区域坡度图

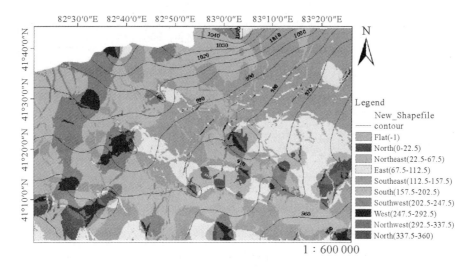

图 4.5   研究区域坡向图

4.3.3.4   纹理

纹理也是遥感影像的重要信息，它反映了影像的灰度统计信息、地物本身的结构特征和地物空间排列的关系，是进行目视判读和计算机自动解译的重要基础。许多研究表明，除了原始影像光谱信息以外，加上纹理信息就可以使分析准确性和精度提高。遥感图像中多为无规则纹理，一般采用统计方法进行纹理分析，目前用得较多的统计方法有共生矩阵法、分形维法和马尔可夫随机场法。所谓灰度共生矩阵是由影像灰度级之间二阶联合条件概率密度所构成的矩阵，反映了影像中任意两点间灰度的空间相关性。其方法是先依据影像的灰度级数和灰度变化情况计算出四个方向（右、下、右上和左下）任意两个灰度级相邻出现的概率矩阵，它能提供多个纹理量，可以从多个侧面描述影像的纹理特征，因而在纹理分类中得到广泛的应用。灰度共生矩阵包含了大量的信息，根据共生矩，Haralick 等（1979）定义了 14 种纹理指数，它们分别对应了不同的影像纹理特征，常用的一般有八种，如表 4.8 所示。

表 4.8   纹理特征集

序号	特征变量	主要特征说明
1	均值	
2	方差	

表4.8(续)

序号	特征变量	主要特征说明
3	协同性	
4	对比度	反映图像纹理的清晰度
5	相异性	
6	熵	图像所具有的信息量的度量
7	二阶距	反映图像灰度分布均匀性
8	相关性	衡量邻域灰度的线性依赖性

为了进行纹理分类，首先必须提取各类的纹理特征，实验中先提取各类样本，统计各类纹理特征，再找出最大差异的纹理量，作为分类特征量进行分类。纹理特征的提取需考虑到窗口的大小、方向和步长。一般来说，窗口选择太大可能包含多余的无用信息；选择的太小又不能有效、全面地描述地物的特征，而且窗口选择的较小，噪声对纹理的计算影响较大。所以，合适的窗口大小对于纹理的计算十分重要。在实际应用中，一般根据影像地物的实际特征来确定窗口的大小。其次，步长的选择也非常关键。在一固定窗口内进行纹理计算时，不可能计算所有步长的变差函数值，在选择计算步长时，步长大小一般不能超过窗口大小的一半。最后，要考虑的因素是变差函数的各向同性和各向异性，即变差函数计算方向的选择。考虑本实验采用的遥感图像空间分辨率为30米，纹理比较细腻，影像上有狭长的盐渍地，选步长为1，移动方向采用四个方向的叠加来消除方向影响，进行纹理分析的窗口不宜取得太大，分别选取3×3、5×5、7×7和9×9的窗口进行比较。实验结果证明，3×3的窗口在识别狭长的盐渍地具有很好的效果，但对农田等粗糙纹理识别效果不好；不过农田、水体可以通过SAVI、MNDWI来提取后，作掩膜处理，来消除对农田的影响；5×5、7×7、9×9的窗口识别后边缘呈现严重锯齿状，图像模糊，整体效果较差；通过对比PC1的纹理值能把轻度盐渍地与中度盐渍地区分开来，PC3的纹理值能把荒漠与重度盐渍地区分开来。因此，本书采用PC1、PC3波段的纹理特征，窗口大小定为3×3、四个方向的均值、步长为1来对纹理值进行特征统计。特征值统计如表4.9所示。

表 4.9   2001 年渭—库绿洲 ETM 影像 PC1 波段纹理特征值统计

纹理值	最小	最大	均值	方差	特征值
均值	0.000	57.667	26.268	19.420	120 720.850
方差	0.000	601.654	3.169	10.615	16.292
协同性	0.000	1.000	0.526	0.233	4.984
对比度	0.000	1 190	6.516	2.044	0.795
相异性	0.000	28.444	1.547	1.313	0.366
熵	0.000	2.197	1.681	0.615	0.035
二阶距	0.000	1.000	0.253	0.244	0.004
相关性	−34 794.925	1.250	−185.630	707.964	0.001

由表 4.9 可知纹理均值的特征值最大，因此信息量大，所以这里选纹理均值来统计各类别纹理信息（见表 4.10）。

表 4.10　2001 年渭—库绿洲 ETM 影像 PC1 波段各类别纹理均值统计

类别	最小	最大	均值	方差
非盐渍化地	39.111	45.444	40.753	1.632
轻度	21.333	23.444	22.267	0.586
中度	26.000	33.000	28.498	3.129
重度	39.111	46.778	41.093	1.773

从表 4.10 可以看出非盐渍地荒漠和重度重叠很严重，而轻度、中度盐渍地的光谱值与荒漠、重度没有重叠，相互之间也没有重叠的地方。因此，可以通过选取阈值来提取轻度、中度盐渍地（见表 4.11）。

表 4.11　2001 年渭—库绿洲 ETM 影像 PC3 波段纹理特征值统计

纹理值	最小	最大	均值	方差	特征值
均值	0.000	53.222	22.176	2.417	120 718.749
方差	0.000	469.877	0.828	1.747	14.291
协同性	0.000	1.000	0.671	0.188	5.884
对比度	0.000	1 239.222	1.703	3.447	0.895

表4.11(续)

纹理值	最小	最大	均值	方差	特征值
相异性	0.000	31.000	0.802	0.635	0.376
熵	0.000	2.197	1.380	0.595	0.045
二阶距	0.000	1.000	0.335	0.248	0.005
相关性	−13 326.222	1.250	−52.775	347.446	0.001

由表4.11可知纹理均值的特征值最大，因此信息量大，所以仍然选纹理均值来统计各类别纹理信息（见表4.12）。

表4.12 2001年渭—库绿洲 ETM 影像 PC3 波段各类别纹理均值统计

类别	最小	最大	均值	方差
非盐渍地	26.333	29.889	27.408	1.078
轻度	19.000	21.111	19.975	0.646
中度	21.111	25.666	23.529	1.450
重度	19.333	26.000	23.451	1.854

从表4.12可以看出轻度、中度盐渍地的光谱值有重叠的地方，而荒漠、重度盐渍地没有重叠，与轻度、中度盐渍地也没有重叠。因此，可以通过选取阈值来提取荒漠和重度的盐渍地。

4.3.4 决策树的建立

关于决策树的建立，参考图4.6，即盐渍化土壤信息自动提取流程图。

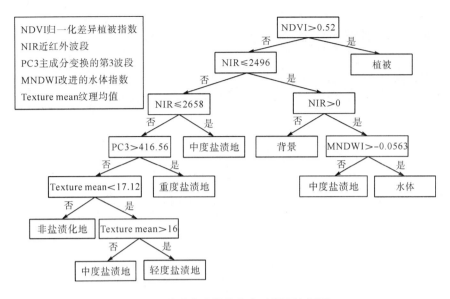

图 4.6　盐渍化土壤信息自动提取流程图

4.4　决策树分类结果

　　由于遥感数据时相不同，在专题信息提取中，每个特征变量的具体阈值需要根据实际情况确定。根据选择的特征变量，反复试验选择各变量的最佳阈值，编制盐渍化土壤信息提取规则模型如图 4.6 所示。其中 2001 年 SAVI 阈值是由相关分析得到，其他年份的 SAVI 阈值并不是由相关分析得到，而是根据实际反复实验设定，然后做掩膜处理；同时各个特征变量阈值设定的合理性通过专题信息识别精度来检验。利用设定的规则对研究区域所利用的各年图像进行信息提取得到信息提取结果。由于遥感图像计算机自动提取信息是针对每个像素单独进行的，结果在提取图像中会出现一大片同类地物中夹杂着散点分布的异类地物的不一致现象，这些杂类地物常被称为"类别噪声"。为了消除类别噪声的影响，本书选用 3×3 的窗口，用众数函数（Majority）对提取结果做了上下文分析，由此得到盐渍地提取结果（如图 4.7 至图 4.10 所示）。

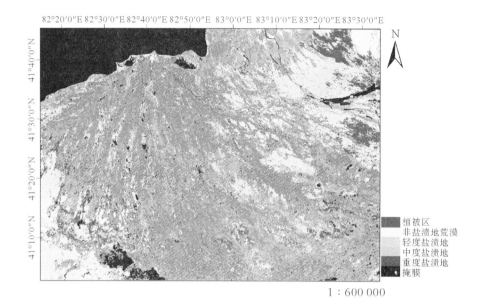

植被区
非盐渍地荒漠
轻度盐渍地
中度盐渍地
重度盐渍地
掩膜

1∶600 000

图 4.7　1989 年渭—库绿洲土壤盐渍化信息分类图

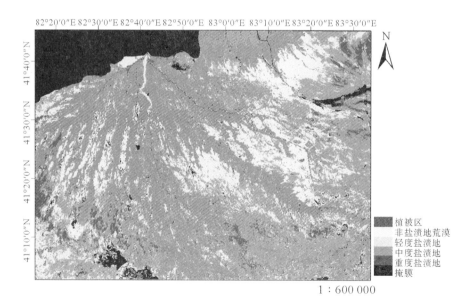

82°20'0"E 82°30'0"E 82°40'0"E 82°50'0"E 83°0'0"E 83°10'0"E 83°20'0"E 83°30'0"E

植被区
非盐渍地荒漠
轻度盐渍地
中度盐渍地
重度盐渍地
掩膜

1∶600 000

图 4.8　2001 年渭—库绿洲土壤盐渍化信息分类图

植被区
非盐渍地荒漠
轻度盐渍地
中度盐渍地
重度盐渍地
掩膜

1:600 000

图 4.9 2006 年渭—库绿洲土壤盐渍化信息分类图

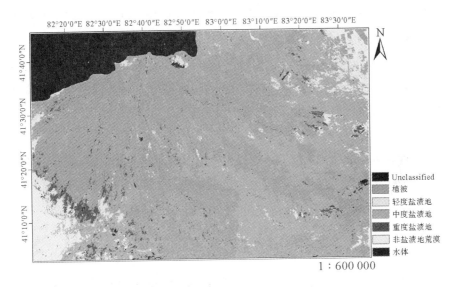

Unclassified
植被
轻度盐渍地
中度盐渍地
重度盐渍地
非盐渍地荒漠
水体

1:600 000

图 4.10 2018 年渭—库绿洲土壤盐渍化信息分类图

4.5 分类精度验证与分析

4.5.1 盐渍化土壤专题信息提取精度检验指标

盐渍化土壤识别精度评价采用分层随机采样法，按照分类标准将采样点数据划分到所在的类别，然后利用采样点的坐标将每一类样点输到遥感未分类的图像上作为检验参照点，结合样点和土地利用图进行目视判读，随机增加各个类别的参照点到 100 个，共得到 500 个分类精度检验参照点，利用这 500 个参照点对分类图像进行检验。本着评价的全面性和结果的有效性，此次研究采用了误差矩阵、Bhattacharrya 距离矩阵、kappa 系数 3 种指标从不同角度反映盐渍化土壤分类图的分类精度。

（1）误差矩阵（Error Matrix）。误差矩阵是一个 N 行×N 列矩阵（N 为分类数），用来简单比较参照点和分类点。矩阵的行代表分类点，列代表参照点，主对角线上的点为分类完全正确的点。

（2）Bhattacharrya 距离矩阵（Bhattacharrya Distance Matrix）。此指标用来衡量各类之间的离散程度，其结果在 0~1.0 之间，表明两类间混杂程度很严重；在 1.0~1.9 之间，表明两类间有较多的混杂；在 1.9~2.0 之间，则表明两类间分离性很好。

（3）Kappa 系数是一种适当地可以代表整个混淆矩阵的精度参数，也是遥感分类图和参考数据之间的一致性或精度的量度。

$$\hat{K} = \frac{N \sum_{i=1}^{k} x_{ii} - \sum_{i=1}^{k} (x_{i+} \times x_{+i})}{N^2 - \sum_{i=1}^{k} (x_{i+} \times x_{+i})} \tag{4-6}$$

式中，k 为矩阵行数；x_{ii} 为位于第 i 行第 i 列的观测点个数；x_{i+} 和 x_{+i} 分别为第 i 行第 i 列的和；N 为所有观测点的总数。

4.5.2 分类精度分析

本书以 2001 年 ETM+遥感图像提取盐渍化土壤信息为例分析说明提取结

果精度。

（1）从精度评价混淆矩阵（见表 4.13）看出此种方法提取重度盐渍化土壤信息有 90% 被正确识别，根据采样点数据分析表层土壤湿度很低的重度盐渍化土壤不能被正确识别；中度盐渍化土壤信息识别精度最好；轻度盐渍化土壤易被误判为非盐渍化或中度盐渍化土壤；砂质土壤易被误判为重度盐渍化土壤，砂质土壤误识别区域都在沙漠边缘，土壤湿度较大地区。而每类盐渍化土壤信息识别精度都达到了 90%，表明盐渍化土壤信息提取总体精度较好；同时证明了所利用的各个年份图像的特征变量阈值的设定是合理的。

（2）Bhattacharrva 距离矩阵的比较：非盐渍地与其他类分离性最好，说明耕地等地类与荒漠等地类的光谱分离度大，利于区分；重度盐渍化地与非盐渍化地的分离度为 1.912，说明重度盐渍化地的类别光谱集群在分类空间中边界清楚（见表 4.14）。

（3）Kappa 系数及平均精度的比较：从前人研究结论来看，Kappa 系数在精度比较上要好于总精度指标；从所得结果而言，分类所得 Kappa 系数达到了 91.28%；盐渍化土壤专题信息提取效果比较满意，符合后续研究要求。

表 4.13　　　　　　　　　盐渍地信息提取精度验证

2001 年 ETM 图像分类精度				
类别	植被	轻度盐渍地	中度盐渍地	重度盐渍地	非盐渍地
植被	49	0	0	0	3
轻度盐渍地	0	45	1	0	0
中度盐渍地	0	5	49	2	1
重度盐渍地	0	0	0	48	0
非盐渍地	1	0	0	0	46
总分类精度：95.3%，Kappa 系数：0.944 0					

表 4.14　　　　　　　盐渍信息提取 Bhattacharrya 距离矩阵

	非盐渍地	轻度盐渍地	中度盐渍地	重度盐渍地
非盐渍地	1.986			
轻度盐渍地	1.989	1.836		

表4.14(续)

	非盐渍地	轻度盐渍地	中度盐渍地	重度盐渍地
中度盐渍地	1.796	1.912	1.751	
重度盐渍地	1.996	1.994	1.980	1.932

4.5.3 信息提取结果分析

从 DT 分类结果图上看（图4.7 至图4.10），总体上盐渍地主要分布在渭干河和库车河的下游，库新沙绿洲的东部和东南部地区。盐渍地的分布在绿洲内部呈条形状分布，而在绿洲外部呈片状分布，且绿洲外部重度盐渍地交错分布在中轻度盐渍地中。轻中度盐渍地位于农田的过渡地带。渭—库绿洲地物复杂，通过充分挖掘不同目标地物的光谱特征，建立决策树模型可以较好提取目标信息。本书运用决策树方法成功提取了本区域的盐渍地信息，精度较高，说明决策树方法在提取盐渍地信息方面具有优势。决策树方法提取信息的关键是特征量的选取，本书根据光谱特征选取了 TM1、TM7、SAVI、MNDWI、K-L-1 与 K-L-3 的纹理均值、地形坡度作为特征变量，通过实验证明了这七个变量在本区域的可行性。其中 SAVI 较好分离了植被信息，MNDWI 较好分离了水体信息，K-L-3 纹理均值与坡度对提取重度盐渍地效果较好，TM7 与 K-L-1 纹理均值易于分离中度盐渍地，TM1 与 K-L-1 纹理均值易区分轻度盐渍地。

由分类精度比较可以看出重度盐渍地较水体、轻中度盐渍地的分类精度低，非盐渍地与中轻度盐渍地、重度盐渍地间存在一定的错分现象。主要原因是该区植被、轻中度盐渍地类型复杂，有些地区植被与轻中度盐渍地及重度盐渍地间杂分布，而使图像难以区分。同时，由于分类是用影像的光谱信息对像元进行区分，而在地类交界处的像元中包括有多种类别的地物即混合像元，因此，这样的分类方式会造成混合像元的错分。不过通过本书分类可以看出，基于 DT 分类方法对这些类型的分类精度还是比较高，有效地减少了错分现象。一般来说，采用传统的分类方法区分出植被与轻度盐渍地、重度盐渍地与中度盐渍地难度较大，因为两者光谱特征相差不大，线性不可分，DT 通过引入地表生物物理特征参数及地形因子提取特征，增强不同类型之间的可分性，有效地提高 TM 影像盐渍化信息的提取精度。

从分类结果可以分析出研究区域盐渍化特别明显的裸地很容易监测出来。盐渍化地主要分布在渭干河的下游，塔里木河的北部，渭—库绿洲的西南部、南部、东部和东南部地区。就整个绿洲来说，盐渍地主要分布于绿洲和沙漠之间的交替带。

该研究区域洲绿洲气候干旱、蒸发强烈，为典型的绿洲农业，农作物生长全靠灌溉。在平原区中下部由于地势平坦，地下水位较高，在强烈的蒸发作用下，盐分随水运动积累于地表造成土壤盐渍化。在平坦地段地表都有盐斑聚集，开垦后由于灌溉不科学，造成地下水位普遍上升，盐渍化加重，因而土壤盐渍化是目前该地区阻碍绿洲农业生产发展的最大问题之一。

4.5.4 精度影响因素分析

在研究区域考察时发现，不同程度盐渍地表均生长有盐化草甸芦苇、红柳、梭梭柴等耐盐植被（见图 4.11）。盐生植物能改变盐化化土壤的整体光谱反射模式，造成光谱干扰。当土壤表面有植被覆盖时，如覆盖度小于15%，其光谱反射率特征仍与裸土相近。植被覆盖度在15%～70%时，表现为土壤和植被的混合光谱，光谱反射值是两者的加权平均。植被覆盖度大于70%时，基本上表现为植被的光谱特征。植被覆盖一定程度上影响了盐分指数和反照率指数分类域值的确定，从而影响提取盐渍化信息精度。消除植被影响是精确提取盐渍化土壤信息研究的重点。

重度盐渍化土壤(36°4'36"N,81°9'12.3"E)　中度盐渍化土壤(36°7'6.0"N,81°6'17.60"E)　轻度盐渍化土壤(36°7'28.07"N,81°3'27.98"E)
Severely salinized soil　　　　　　　　Moderately salinized soil　　　　　　　Slightly Salinized soil

图 4.11　盐渍地植被分布图

4.6 本章小结

　　本章在分析研究区域地物光谱和遥感信息物理意义的基础上，选用 SAVI、MNDWI、图像主成分等作为信息提取的特征变量，运用决策树信息提取方法自动提取研究区域盐渍化土壤信息。研究结果表明，使用 DT 分类法对盐渍化土壤信息的自动提取是可行的并能达到较高精度（kappa 系数达到 91.28%），且此方法能够在一定程度上解决干旱区盐渍化土壤和砂质土壤的光谱相似性问题。土壤盐渍化的发生是气候因素主导下的降水、蒸发、地下水、土壤母质等自然因子以及人为因子多种因素综合作用的结果；而遥感数据具有光谱、空间、时间特征可以快速大面积监测土壤盐渍化情况，并可以揭示地表土壤湿度、植被覆盖状况等多种信息。因此，充分挖掘遥感信息表达的物理意义并使用最新的分类方法，而不仅仅局限于传统遥感分类方法，对利用遥感技术研究土壤盐渍化现象具有积极意义，并为后期定量研究盐渍化土壤驱动力打下坚实基础。

5 干旱区盐渍地土壤的时空变化特征分析

　　土壤盐渍化是当今世界上土地荒漠化和土地退化的主要类型之一，也是世界性资源问题和生态问题。土地荒漠化不仅是一个重大的生态环境问题，也是我国社会经济可持续发展所面临的非常严峻的问题。近半个世纪以来，荒漠化研究治理工作已经取得了一些令世人惊叹的成就，但荒漠化却"点上治理、面上破坏"，局部好转、总体恶化的局面仍未得到根本改观。荒漠化尤其是盐渍化对人类的经济发展、改善生态环境方面成为一个不断恶化的灾害之一。因此，研究和预测盐渍化的灾害程度到底多大，以及哪些因子在盐渍化过程中发挥主导作用，均是在人口不断增长、人类经济水平不断提高、人类对土地资源的需求不断增长的情况下具有非常重要的研究意义。所以在本书中主要抓住它的危险程度也就是危险度来进行研究。

　　之后，众多专家、学者对荒漠化开展了大量的定量研究工作。李香云等（2004）综合分析了干旱区土地荒漠化中人类因素的影响，并制定出适用于干旱区人类活动对土地荒漠化作用的指标体系；马松尧等（2004）探讨了西北地区荒漠化防治与生态恢复的若干问题，指出荒漠化防治的根本措施应该从控制人口和提高土地承载力入手，逐步缓解和消除人口对环境的压力；樊胜岳等（2001）对我国荒漠化不断发展的原因进行了分析，认为当代荒漠化主要是由于人类过度经济活动对资源破坏而造成的，其根本原因是人口压力过大，并针对这一问题提出了适应中国荒漠化治理的生态经济模式。林年丰等（2003）分析了第四纪环境演变对我国北方荒漠化发展的影响，指出一万年来青藏高原的隆升是促使北方干旱和荒漠化的重要原因；刘树林等（2004）探讨了土地荒漠化过程中人类活动的作用，认为是人类对土地的不合理利用导致土地的荒漠化。本书结合我国西北干旱区的实际情况，通过对原有联合国评价模型进行优化和改进，从自然气候条件、内在危险性、土地现状和社会经济活动四个方面对我国西北干旱区土地荒漠化危险度进行了评价。本书中荒漠化危险度是指在我国西北干旱区土地荒漠化（主要是侧重于风蚀荒漠化）可能达到的程度以及对该区域社会、经济、环境的可持续发展带来的直接危害与潜在威胁的程度。

盐渍地土壤的生态效应分析是指盐渍化态势的基本特征，其对于研究盐渍化的发展规律、了解盐渍化的未来趋势及制定盐渍化防治措施等具有重要的理论与实践价值。土壤盐渍化严重破坏人类生产和生态环境。实践证明，建立在破坏生态环境基础上的经济发展是不可持续的；同样，没有治理自然资源和合理利用自然资源的生态环境建设也是不会长久的。只有把土壤盐渍化治理与发展农业结合起来，只有把关键技术手段与农业经济结合起来，才有可能确保生态环境良性循环与区域经济可持续发展。加强西部干旱区生态环境研究，是我国加快开发西部地区重大战略部署的需要。新疆地区是受盐渍化、沙漠化危害最为严重的区域，盐渍化的发生和发展早已成为制约新疆尤其是南疆盐渍化地区资源、环境和社会经济可持续发展的重要原因之一。在渭—库绿洲，土壤的盐渍化问题和灌溉引起的土壤次生盐渍化问题是该地区农业发展的主要障碍，也是影响绿洲生态环境稳定的重要因素。

5.1　渭—库绿洲土壤盐渍化现状

研究区域盐渍地主要分布在渭干河和库车河的下游，塔里木河的北部，库新沙绿洲的西南部、南部、东部和东南部地区。库车县盐碱化耕地主要分布在渭干河流域和库车河流域冲积扇中下游地段，其中强盐碱耕地主要分布在渭干河流域和库车河流域的尾部。其耕地盐碱化程度主要是：强盐碱化土壤含量为>0.6%，中盐碱化含量为0.3%~0.6%，轻盐碱化为<0.3%；沙雅县红旗镇以南—新垦农场以北土壤盐渍化、含盐量状况及地下水位埋深，根据野外调查，

结合土壤易溶盐试验成果资料，此带土壤中含盐量一般为 0.4%~8.85%，多为轻盐渍化土与盐土；新和县区内土壤表层（0~30cm）可溶性总盐含量为 0.31%~0.69%，属重度盐碱化土壤，主要分布该县境内大部分耕区、渭干河上中游河床两岸的低洼积水地段。盐渍地变化区主要分布在绿洲外围及其绿洲与荒漠之间的交错带的外部，而次生盐渍化由于人们干预能力的增强主要发生在绿洲内部，不合理灌溉及施肥或者不科学的耕种都会导致次生盐渍化。

5.2 时空尺度上土壤盐渍化演变特征

5.2.1 数量特征变化分析

根据分类结果计算出各类面积，形成表 5.1 各地类面积统计表。研究区域盐渍地面积呈动态演变的趋势，不同类型的盐渍地面积变化不同，从表中我们可以看到，从 1989—2018 年整体来看，重度盐渍地面积呈现下降趋势，中度盐渍地面积先升高后下降，整体面积有明显的上升趋势，轻度盐渍地、非盐渍地面积呈现减少趋势；变化主要发生在中度盐渍地、轻度盐渍地与植被之间。

表 5.1　　　　　　　各年度地类面积统计（hm^2）

年份	1989	2001	2006	2018
植被	25.32	26.03	20.40	36.99
非盐渍地土壤	11.06	3.92	7.57	3.32
轻度盐渍地	24.06	16.86	6.52	3.92
中度盐渍地	16.51	31.53	42.96	39.13
重度盐渍地	6.51	5.61	6.28	2.39

从表 5.2 可知，1989—2018 年土壤盐渍地年平均变化速率呈现先增加后降低的趋势，轻度盐渍地年平均变化速率在 1989—2001 年为 $0.72hm^2 \cdot a^{-1}$，在 2001—2006 年为 $2.07\ hm^2 \cdot a^{-1}$，在 2006—2018 年为 $0.22\ hm^2 \cdot a^{-1}$；而中度盐渍地年平均变化速率在 1989—2001 年为 $1.5hm^2 \cdot a^{-1}$，在 2001—2006 年为 $2.29hm^2 \cdot a^{-1}$，在 2006—2018 年为 $0.32hm^2 \cdot a^{-1}$；非盐渍地面积在 1989—2001 年

的年平均变化速率为 0.60 hm² · a⁻¹，在 2001—2006 年为 0.73 hm² · a⁻¹，在 2006—2018 年为 0.35 hm² · a⁻¹。

表 5.2   历年各类型盐渍地数量统计

年份	轻度盐渍地		中度盐渍地		重度盐渍地		盐渍地总面积（hm²）
	面积（hm²）	面积百分比（%）	面积（hm²）	面积百分比（%）	面积（hm²）	面积百分比（%）	
1989	24.06	51.1	16.51	35.1	6.51	13.8	47.08
2001	16.86	31.2	31.53	58.4	5.61	10.4	54
2006	6.52	11.7	42.96	77.0	6.28	11.3	55.76
2018	3.92	8.6	39.13	86.1	2.39	5.3	45.44

图 5.1 表明，1989—2018 年期间，土壤盐渍地总面积呈现先上升后下降的趋势，从 1989 年的 47.08 hm² 上升到 2006 年的 55.76 hm²，2018 年下降至 45.44hm²；其中轻度盐渍地面积呈现逐渐减少的趋势，到 2018 年减少了 20.14 hm²，而中度盐渍地到 2018 年则面积增加了 22.62hm²，重度盐渍地则呈现缓慢减少的态势，略微减少了 4.12hm²。

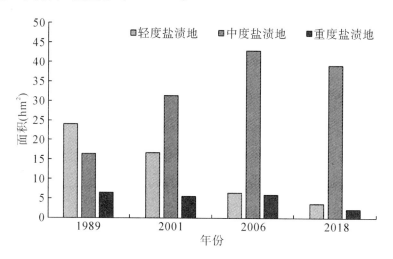

图 5.1　各年度盐渍地面积变化图

5.2.2　动态度分析

盐渍化地类动态度是研究区域一定时间范围内某种盐渍化地类的数量变化情况，其表达式为：

$$V = \frac{Q_j - Q_i}{Q_i} \times \frac{1}{T} \times 100\% \tag{5-1}$$

式中，V 为研究时段内某一盐渍化地类动态度；Q_i、Q_j 为研究初期和研究末期某一盐渍化地类的数量；i、j 为研究初期和研究末期的时间；T 为研究时段长，当 T 的时段设定为年时，v 的值就是该研究区域的某种盐渍化地类年变化率。

应用动态度分析盐渍化地类动态变化，可以真实地反映区域盐渍地类变化程度。由表 5.3 可知，1989—2018 年间轻度盐渍地的动态度呈现最大负值，为 −12.27；2001—2006 年轻度盐渍地的动态度大大超过了中度和轻度盐渍地的最大动态度，说明 2001—2006 年间轻度盐渍地的变化程度剧烈，呈剧烈减少态势；而 1989—2001 年、2001—2006 年和 2006—2018 年间中重度盐渍地的动态度都没有轻度盐渍地表现得那么明显，说明 1989—2018 年间轻度盐渍地面积持续减少，尤其是 2001—2006 年阶段减少得尤为突出；由于中度盐渍地比重增加很大，其变化直接影响盐渍地总面积的变化，使得盐渍地总面积在 1989—2006 年间呈现持续少量上升的趋势，而到 2018 年轻度、中度和重度盐渍地都处在下降趋势，使得盐渍化总面积也有所降低，这说明 1989—2001 年间是研究区域土壤盐渍化变化剧烈的时期，2001 年以后土壤盐渍化变化趋于缓和。

表 5.3　　　　　　1989—2018 年土壤盐渍地的动态度

年份	轻度盐渍地	中度盐渍地	重度盐渍地	盐渍地总面积
1989—2001	−2.49	7.58	−1.15	1.22
2001—2006	−12.27	7.25	2.39	0.65
2006—2018	−3.32	−5.08	−5.16	−1.54

5.2.3 地类变化分析

变化检测就是从不同时期的遥感数据及相关数据中，通过定量分析来确定地表变化的特征与过程。因此，对渭—库绿洲研究区域的1989—2018年29年间盐渍地变化区域进行动态信息提取，其过程如下：

波段运算是对两种或两种以上的图像波段进行算术运算或逻辑运算的方法。通过波段运算的方法，对波段间对应像元以像元亮度值进行逐像元运算，可以方便地比较两幅图像的差异，最终提取变化区域。

首先分别对1989年、2001年、2006年和2018年的分类图像做统一编码处理，以便进行波段间运算。对三期图像进行相减运算：BAND2018 - BAND2006、BAND2006-BAND2001、BAND2001-BAND1989得到差值图（见图5.2至图5.4）。

图 5.2　1989—2001年盐渍化土壤变化图

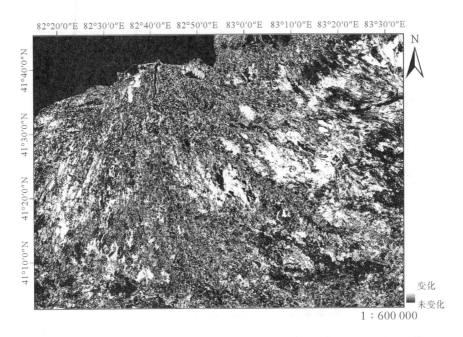

变化
未变化

1 : 600 000

图 5.3 2001—2006 年盐渍化土壤变化图

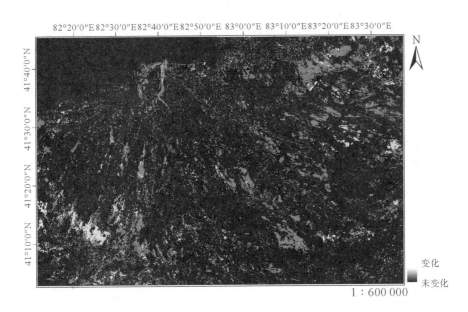

变化
未变化

1 : 600 000

图 5.4 2006—2018 年盐渍化土壤变化图

将三期数据的分类结果（见图 5.2 至图 5.4）在 ARCGIS 下进行叠加分析，分别得到 1989—2001 年、2001—2006 年和 2006—2018 年各类盐渍地的面积转换矩阵（见表 5.4 至表 5.6）。

表 5.4　　　　　　研究区域 1989—2001 年盐渍地转移矩阵　　　单位：hm²

	植被	非盐渍地	轻度	中度	重度
植被	13.71	0.70	9.65	1.31	0.54
非盐渍地	0.13	2.67	0.27	0.44	0.36
轻度	4.21	0.47	3.87	7.16	0.95
中度	7.10	3.97	9.87	6.33	3.58
重度	0.15	3.24	0.37	0.75	1.07
变化总计	11.59	8.38	20.16	9.66	5.43

表 5.5　　　　　　研究区域 2001—2006 年盐渍地转移矩阵　　　单位：hm²

	植被	非盐渍地	轻度	中度	重度
植被	16.59	0.02	1.05	2.62	0.09
非盐渍地	0.06	2.76	0.24	2.99	1.51
轻度	0.98	0.02	3.88	1.49	0.08
中度	8.25	0.58	10.82	21.95	1.31
重度	0.11	0.40	0.77	2.40	2.61
变化总计	9.4	1.02	12.88	9.5	2.99

表 5.6　　　　　　研究区域 2006—2018 年盐渍地转移矩阵　　　单位：hm²

	植被	非盐渍地	轻度	中度	重度
植被	17.06	0.97	2.62	14.65	1.23
非盐渍地	0.04	2.39	0.03	0.32	0.34
轻度	0.08	1.40	0.06	0.98	1.24
中度	3.14	2.60	3.40	25.69	2.95
重度	0.07	0.17	0.32	1.21	0.51
变化总计	3.33	5.14	6.37	17.16	5.76

将 1989—2001 年、2001—2006 年及 2006—2018 年各类盐渍地的面积转换成矩阵（即表 5.4 至表 5.6），其计算结果表明：

（1）植被区的面积变化：植被面积从1989年占总面积的30.34%增加到2001年的31.19%，增加了0.85%，年平均增加率为0.071%，主要由轻度盐渍地转移而来；2001—2006年由31.19%减少到24.44%，减少了6.75%，年平均减少率为1.35%，主要是由于植被转移为轻度、中度盐渍地所致；而2006—2018年植被变化最为剧烈，由2006年的24.44%变为43.14%，平均年增加率为1.56%，主要由于不同的盐渍地转为植被，其中中度盐渍地转移最为剧烈。

（2）非盐渍地的变化：非盐渍地面积从1989年占总面积的13.21%减少到2001年的4.68%，到2006年又增加为总面积的9.05%，2018年又减少为3.87%，因此，非盐渍地处于持续减少的状态。从1989—2001年、2001—2006年和2006—2018年的转移矩阵可以看出1989—2001年主要是非盐渍地转移到轻度、中度和重度盐渍地，而中度和重度盐渍地转移较为明显；2001—2006年主要是非盐渍地转移到中度与重度盐渍地，而2006—2018年的非盐渍地也依然主要转移到中度与重度盐渍地。因此，说明研究区域非盐渍地的空间分布发生变化主要是由于非盐渍地与中度、重度盐渍地相互转换的结果。

（3）盐渍地的变化：轻度盐渍地由1989年的24.06hm^2，下降到2001年的16.86hm^2，又降到2006年的6.52hm^2，到2018年为3.92hm^2；1989—2006年均是由于轻度盐渍地转移到植被及中度盐渍地；而2006—2018年是由于轻度盐渍地主要转移到荒漠，重度及中度盐渍地；中度盐渍地由1989年的16.51hm^{2}上升到2011年的31.53hm^2，然后继续上升到2006年的42.96hm^2，两个时段均是由于植被与轻度盐渍地转移到中度盐渍地；而到2018年下降到39.13hm^2，是由于中度盐渍地向各个地类均有不同程度的转移；重度盐渍地面积占总面积的比例从1989年的7.80%降低为2001年的6.72%，主要是由于重度盐渍地向非盐渍地的转移；到2006年上升到7.52%，主要是由于中度盐渍地向重度盐渍地的转移；到2018年下降至2.79%，主要是由于重度盐渍地向中度盐渍地的转移。

从转移矩阵可以看出轻度、中度盐渍地发生转化的比例在所有地类中相对较大。1989—2001年轻度、中度盐渍地转移比例分别为36.50%和17.49%；2001—2006年轻度、中度盐渍地转移比例分别为35.99%和26.54%；2006—2018年轻度、中度盐渍转移比例分别为16.87%和45.44%。

5.2.4 重心转移分析

盐渍地的空间变化还可以通过其重心迁移进行定量化分析。盐渍地重心坐标计算方法如下：

$$X = \sum_{i=1}^{n} (C_i \times X_i) / \sum_{i=1}^{n} C_i \qquad (5-2)$$

$$Y = \sum_{i=1}^{n} (C_i \times Y_i) / \sum_{i=1}^{n} C_i \qquad (5-3)$$

式中，X、Y 分别表示某个盐渍地类型的重心坐标；C_i 表示该类型盐渍地第 i 个斑块的面积。通过计算比较研究初期和研究期末各种盐渍地类的分布重心，就可以得到研究时段内盐渍地类的空间变化规律。

研究区域的重度盐渍地主要分布在西部，中轻度盐渍地主要分布在东部；各类盐渍地偏移的重心位置如表5.7所示，其中1989—2018 年间的轻度盐渍地重心逐渐向东北方向迁移；中度盐渍地的重心逐渐向西北方向迁移；重度盐渍地的重心逐渐向西南方向迁移（图5.5），这与前面盐渍地的变化转移趋势相同。总的来说，轻度与中度盐渍地有向绿洲内部偏移的趋势，而重度盐渍化则有向绿洲外部偏移的趋势。

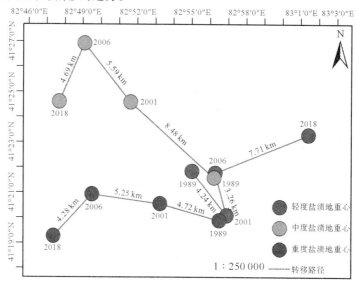

图 5.5　1989—2018 年渭—库绿洲各类盐渍地重心偏移

表 5.7   1989—2018 年各类盐渍地重心坐标

		轻度盐渍地重心	中度盐渍地重心	重度盐渍地重心
1989 年	经度	8254′50.184″	8256′3.825″	8256′15.776″
	纬度	4122′5.002″	4121′24.3″	4119′42.605″
2001 年	经度	8256′52.881″	8251′31.842″	8253′2.183″
	纬度	4119′41.874″	4124′29.183″	4120′25.195″
2006 年	经度	8256′18.423″	8249′5.603″	8249′17.995″
	纬度	4121′35.571″	4126′52.834″	4120′51.682″
2018 年	经度	83 01′16.757″	82 47′35.746″	82 47′07.606″
	纬度	41 23′01.103″	41 24′34.503″	4119′14.075″

5.3 干旱区盐渍化土壤成因分析

5.3.1 自然因素

自然因素是盐渍化生成过程中的主要影响因子之一。渭干河—库车河三角洲绿洲气候属于大陆性暖温带干旱气候，蒸发强烈，降水分布不均，平原区多年平均降水量为 46.5mm，山区多年平均降水量为 243mm，随海拔上升降水增加，在海拔 2 800~3 400m 达最大，可达 500mm 以上。冬季平均降雪 5.1mm，最大积雪深 15mm。平原区年蒸发势 1 374.1mm，是降水的 29.6 倍。渭干河—库车间三角洲绿洲主要依靠塔里木河、渭干河、库车河来进行生产活动，三条河对南疆地区来说是比较大、流量比较多的河流，而且海拔高度平均处于 1 000~1 100m 之间且坡度比较小，这些因素都是生成盐渍化的驱动力。

研究区域属于大陆性暖温带干旱气候，蒸发强烈，降水分布不均，平原区多年平均降水量为 46.5mm，山区多年平均降水量为 243mm，平原区年蒸发势 1 374.1mm，是降水的 29.6 倍，而且自然条件最差区及同时坡度均低于 0.2°，地下水位高于 0.5m，这些因素是构成加快盐渍化速度或者保持盐渍化现象的最佳条件。

研究区域条件最好的地区主要分布在九区河所流经的自然林地，但是面积小、坡度大，人类难以进行农业、工业生产活动。自然条件较差地区主要分布在绿洲中，这一地区是长期以来人类从事生产活动主要基地，但是人类能开垦使用的土地已经进入到自然条件较差区。自然条件差区主要分布在库车绿洲的东南部和 314 国道的库车县城及九区中间段，这一地区的自然条件已经具备了生成盐渍化的基本条件，而且是重度盐渍地和农田的连接桥；如果绿洲内部（自然条件较差区）排出大量的碱性和盐性绿洲废水，这一块很可能变成重度和中度盐渍地，而且往绿洲内部（自然条件较差区）移动，变成更大的不利因素。自然条件差区主要分布在库车和轮台中间的平原地区，此区域坡度小、面积大、水资源丰富，从坡度的角度来考虑，适合从事农业，且远离人类活动区，这些情况会加快土壤盐渍化的速度。

5.3.2 土地覆盖现状

地貌条件是地理环境中最基本也是最重要的因素之一，它控制着热量与水分的重新分配，在很大程度上又影响着地表物质的迁移、生态系统的演替以及自然资源的分布规律。因此为了对研究区域的土地现状进行评价，我们对研究区域的植被类型分布和土地利用情况进行了分析。大量的遥感研究表明，土地现状尤其是土地覆盖状况与 NDVI 具有明显的正相关，书中选择归一化 NDVI 值作为衡量土地覆盖现状的主要指标。由于 NDVI 值随季节变化明显，且植被对气候因素的响应具有滞后性，因此本书选取植被最繁密的 8 月份来分析研究区域的 NDVI 变化情况。

从土地覆盖状况图可以看出。通过对研究区域多年来 8 月份 NDVI 的平均值表明，在库车绿洲农业区和塔里木河北部的自然草地及胡杨林等区域植被覆盖指数比较高，土地生产活力较强，而研究区域其他大部分区域 NDVI 值较低，土地生产活力较差。由于研究区域周围分布着大面积的戈壁、南部的塔克里玛干沙漠和北部区域的裸岩山地，因而大部分地区土地质量较差、土壤肥力低、土壤粗化、保水持水能力低、生物生产力不高以及生态环境恶劣。

5.3.3 人为因素

人为因素对盐渍化危险度有两个方面的作用：第一是正作用，如果人类开发利用、灌溉方式不合理，则盐渍化危险度程度提高；第二是反作用，当人类意识到盐渍化灾害的时候，人类利用当前的技术和经济去防止盐渍化，并提高防盐渍化的措施。因为人类对盐渍化的作用比较复杂且指标因子较多，本书主要是用人类活动的最后结果——土地利用状况和排碱渠密度来进行分析。土地利用现状主要分了四个分析标准，即城市用地、农田、红柳和芦苇覆盖地和盐渍化光板地。人类的正面作用排碱区密度与盐渍化危险度有紧密的相关关系，也是人类对盐渍化的控制性正面作用。

从人类对盐渍化的正面作用来看，影响最大的区域为整个库车县城，但是范围很小；从整个盐渍化面积来算，正面作用有限，起不了关键性作用。人类影响较大区域主要在农业区，而且已经稳定下来，随着人口的增长和经济的发展，人类的正面作用影响力度不断提高，但是人类的滥垦、滥伐、滥牧、不合理耕作等反面影响的增长率比正面的影响率增长的多，这种不合理的人类活动加之恶劣的气候条件致使这些区域的盐渍化程度正在不断加剧。随着人口的不断增长和社会经济发展，加大了该区土地资源利用的压力。此外，不合理的滥垦、滥牧和滥樵等人类活动破坏了地表植被和土壤结构，同时也破坏了传统土地利用的合理性。在干旱多风的气候作用下，致使土地荒漠化尤其是风蚀荒漠化急剧增加，这种盐渍化速度比自然状态下荒漠化速度高出数倍。因此，人口快速增长是诱发荒漠化的重要因素之一。虽然人类最后意识到盐渍化的危害性，采取挖排碱沟等优先措施，但是在经济压力、劳动力压力等因素的压力下，采取措施范围非常有限。这些不利因素为盐渍化提供了扩大其范围和程度并加快其发展的场所。

5.4 渭—库绿洲土壤盐渍化治理及调控对策研究

5.4.1 渭—库绿洲土壤盐渍化治理的必要性

对于绿洲农业来说，没有良好生态环境，就不可能有生态农业和持续发展的农业，农业持续健康发展必须建立在良好的生态系统循环的基础上。土壤盐渍化问题是当前渭—库绿洲农业发展所面临的最突出问题之一，治理并改良盐碱土、提高土地资源的利用率和农业生产水平、促进可持续农业的建立和绿洲生态环境的良性发展是我们所面临的紧迫任务。

渭—库绿洲耕地的土壤盐渍化状况严重，虽然也逐步采取了治理措施，但总体上并未得到根本遏制，它既是影响农业经济持续发展和绿洲生态建设的重要因素，也是新疆当前的一个重要生态环境问题。为贯彻落实中共中央、国务院关于推进社会主义新农村建设的精神，优化调整农业结构、确保粮食生产安全，必须开展该地区盐碱化耕地整理工作，摸清盐碱化耕地分布现状和成因，提出改良利用方法和措施，以确保当地实现农民增收、农业增效和农村经济持续健康发展。如何科学合理地开发改良利用盐渍土壤，更加有效地治理人为因素造成的次生盐渍化，具有重大的经济、社会和生态意义。

土壤盐渍化是目前世界农业面临的重大环境问题之一，因此，世界各国学者都在积极研究和探讨土壤盐渍化的成因及改良措施。实践证明，土地盐渍化的治理是一个庞大的系统工程，改良盐渍土工程复杂、难度大、时间长，各国、各地区存在区域差异，治理、调控措施不能一概而论，要结合自身具体情况制定措施。

5.4.2 渭—库绿洲农业基础设施状况及问题分析

库车、新和、沙雅三县地处天山中部南麓，塔里木盆地北缘，深居欧亚大陆腹地，干旱少雨，蒸发强烈，具备典型的内陆干旱气候特征。农业生产全部依赖于灌溉，是典型的灌溉农业。但由于2/3耕地的土壤盐碱化造成大面积的低产田，相当部分土地被弃耕，致使农业生产、农民增收及灌区生态环境受到严重影响。现有灌区还存在着水利工程老化、不配套、灌溉管理粗放等问题。受自然和人为因素的影响，灌区农业灌溉水的有效利用率和水生产效率较低，同时灌区排水系统不完善，排水功能得不到良好发挥，因而加重了土壤次生盐碱化，造成作物减产，使农业综合生产能力受到严重制约，农业发展缓慢。

由于受环境、技术、资金等因素的影响，灌区土壤盐渍化治理进展缓慢。近年来，该地区甚至出现盐渍化继续扩展的趋势，中低产农田面积增加、草场退化、生态环境恶化的问题日益突出。

库车、新和、沙雅三县灌区经过几十年的建设发展，其农业生产已经形成规模，农业配套设施有一定的基础，但依旧存在如下问题：

（1）水资源储量丰富但利用率不高。地表径流量为 $44.82×10^8m^3$，地表水资源基本能满足灌溉需要，但渗漏严重，造成地下水水位升高，一些农田潜水水位不足 0.5m，导致耕地土壤盐渍化。

（2）水利工程设施年久失修，渠系水利用系数低，在 0.3~0.48~0.56 之间；干、支、斗、农渠渠系防渗率不高且防渗工程不均匀、不完全，干渠防渗率相对较高，支、斗、农渠相对过低甚至无防渗。经粗略计算，库车县平均防渗率12.4%，沙雅县仅 5.2%。防渗率低是造成灌溉水浪费、地下水位升高的主要因素。

（3）到目前为止，已修各级灌溉渠道总长 11 865.5km，排水渠共计 2 482.06km。但灌、排系统不完整、不配套，大水漫灌洗盐或无水压盐，灌水洗盐后无法排水或排水渗漏，导致土壤中的盐分大量滞留。

（4）地下水资源丰富但开发利用不足。渭干河平原区地下水补给量为 $11.62×10^8m^3$，可开采量为 $6.24×10^8m^3$，开采量低，尚不能充分发挥地下水"增水、降盐、调蓄"的三大功能，土壤盐渍化的治理需要加大地下水开发力度。

（5）渭—库绿洲平原水库总库容量为 $7.14×10^8m^3$，平原水库有利于调节农业灌溉，但其导致下游地下水位升高，促使了盐渍化土壤的产生。

（6）林网体系建设滞后，渠—林、路—林体系不健全，现有林地面积不能满足防护林比例要求，林带防风效果差，农田水分蒸发强烈，易加剧土壤盐渍化。作物受风害影响较大，限制了农作物产量的提高。

（7）农田生产道路布局较为合理，但道路不规模，路面不平整，总体质量差，交通设施不配套，农田渠系管理及耕地治理难度大。

另外，一些地方耕地土壤质地黏重，脱盐困难；土地不平整，容易积水积盐；地势低洼处开荒，造成排水不畅等都常常导致土壤盐渍化。

5.4.3 土壤盐渍化治理调控对策

土壤盐渍化主要由自然因素及人为灌排不当引起含盐地下水水位升高，加上蒸发强烈造成，故改良措施主要围绕在降低地下水位、改良土壤物理化学性状和减少蒸发强度三个方面。盐渍化土壤的改良措施主要有水利工程改良措施、农业改良措施、生物改良措施和化学改良措施。

5.4.3.1 水利工程改良措施

建立流域排盐系统。按流域系统分段采取不同的蓄、灌、排措施进行综合治理，其中以灌和排为基础。一般是在河流的上段修建蓄水防洪设施，中段分级修建涵闸，衬砌进水沟，排灌结合改良盐碱地。具体的技术有：确定开挖排水沟的深度、间距或者采用暗管排水排盐、竖井排灌洗盐。还可采用先进的灌溉技术如喷灌、滴灌、渗灌等提高灌溉效率，减少深层浸透，控制水涝发生和盐渍化加重。必要时还应修建截流或截渗沟，防止地面径流和地下水的汇入，减少灌区内地下水的补给来源，减轻土壤盐分的转移。

对于研究区域渭—库绿洲可以采取以下具体措施：

（1）渠道防渗。为减少渠系渗漏，达到节约水资源和降低地下水位、治理盐碱地的目的，对渠道进行防渗改造，主要对支渠、斗渠、农渠进行改造。

（2）土地平整。土地平整对治碱有两方面的作用：一是平整的田面在灌水淋洗土壤表层盐分时能均匀的浸泡在水中，使土壤表层盐分脱盐均匀，提高脱盐效果；二是平整的田面改变了毛细管水上升条件，可以防止局部积盐。同时，平整的田面还可以使其在被灌溉时灌水均匀，提高灌溉效果。

（3）明沟排水。建立明沟排水体系，开挖梯形断面排渠，可以降低地下水位，在灌水洗盐期，造成洗盐排水的条件，加强洗盐效果；在洗盐后，改变毛管上升的条件，切断土壤盐分来源，防止土壤返盐，巩固洗盐效果。

（4）竖井排水。采用竖井排水措施，加强地下水的开发利用，减轻地表水灌溉用水压力；有效降低和控制地下水位，排盐压碱。

（5）田间节水。根据研究区域的自然、土壤等条件，可采用的田间节水技术有：微喷、滴灌、低压管道灌、标准沟畦灌、膜上灌等。

（6）灌区建筑物配套。进一步改善灌溉条件，提高水利用率。对灌区的灌、排渠系建筑物配套改造，改造并新建分水闸、桥、涵洞和渡槽。

（7）建设林网。针对林网建设不配套的问题植树造林，配套防护林面积。

（8）修建道路。完善田间道路配套建设，维修、新建田间道路和生产道路。

5.4.3.2　生物措施改良盐碱地

在盐渍化土壤上植树造林、种植绿肥牧草和耐盐作物，可以达到降低地下水位、减小地面蒸发、改善土壤理化性质的作用。种植抗（耐）盐性较强的牧草如碱茅（Puccinella Tenuiflora）、苜蓿（Medicago Tativa）、草木樨（Melilotus Albus）等来提高土壤肥力、降低土壤盐分；对盐化草场进行封育，实行轮牧和刈割制度，达到盐化草场的恢复，提高土地覆盖，减少地表蒸发，降低土壤盐分。

5.4.3.3　农业改良措施

增加土壤有机质。盐渍化土壤在冲洗过程中，有机质和微量元素也随水分淋洗而损失。增施有机肥并添加有机质如农肥、作物秸秆、干草及植物残余物等，可促使改良土壤物理性质，如改良土壤结构、提高地温、改善土壤孔隙性和水分状况，保持较高的土壤含水量；提高土壤肥力、加速难溶养分的分解，改善农作物的营养状况，提高抗盐能力。采用适当的耕作措施如调整作物结构，轮、间、套作，适时伏耕、秋耕，及时中耕、深耕和耙地保墒，等等。通过这些措施改善土壤物理、化学、生物和水、热状态，提高渗透率，切断土壤毛管，抑制土壤返盐。比如实施草田轮作，种植苜蓿，既可建立土壤团粒结构，提高土壤透水、蓄水、保水能力，同时又可提高土壤的通气量，改善土壤的物理、化学及生物性质，降低甚至消除毛细管上升能力，有助于减少地面蒸发，避免翻盐。苜蓿根茎叶均含有较多的氮、磷、钾，因而种植苜蓿可以增加土壤有机质和氮素含量，从而增强作物耐盐能力。苜蓿耗水强度大，从而降低地下水位，其覆盖度大，在长期灌溉下能促使土壤连续稳定脱盐。

土壤的改良是一项长远工作，主要采取四种措施：一是治水改土，即通过兴修水利，平整土地；二是深耕（或免耕）改土，即通过深耕晒垡，翻土捣泥，改善土壤的结构和性能，推广免耕或浅耕灭茬，保持土壤的性状和肥力；三是轮作改土，即通过用地与养地（种绿肥）、粮食作物与经济作物改良土壤；四是施肥改土，即通过使用有机肥、秸秆还田与合理施用化肥，稳定并提高土壤中的氮磷钾及微量元素的含量。另外，还有化学改良方法，主要包括增施合成肥料、喷洒盐碱土改良剂等措施，达到作物吸收率高、养分全面且保持久、抗盐碱、抗板结、活化疏松土壤等特点。

5.4.3.4 化学改良措施

将天然或人工合成的化学改良剂施入土壤后,通过化学作用达到改良土壤的目的。盐渍地修复中常用的无机改良剂有石膏、无水钾镁矾和沸石。土壤中施入石膏,可提高 Na^+ 的吸附比和渗透率,降低盐度和碱度的抑制效应。但加入石膏后土壤表层的可溶性 Na^+ 增加,若排水不良会大量滞留于土壤溶液中,而且石膏会降低 P、Fe、Mn、Cu 和 Zn 等营养物质的可获性,并引起土壤电导率增加。若将其与作物轮作结合起来则效果较好,既能提高土壤保水能力,又可显著降低 SAR、EC、pH 和 Cl^-。无水钾镁矾($K_2SO_4 \cdot 2MgSO_4$),主要用于修复质地较好(含黏土、沙及有机质)的盐碱地。它可直接溶于灌溉水,在用水量很小的情况下置换土壤中的 Na^+。天然沸石适用于盐碱土和酸性土,可改善土壤理化性质,促进有效 P 的活化释放。土壤中可交换性 Na^+ 的含量低于 15%,施用人工合成的聚合体如聚丙烯酸酯,可与土壤形成 0.5cm 的不透水层,减少土壤水分蒸发,降低土壤导水率,从而减少盐分随毛管水向表土迁移积累,控制地表盐壳的形成,并抑制物质流失和土壤侵蚀。

盐渍化耕地治理是土地利用规划、实现土地可持续利用的重要手段,是实现干旱区绿洲农业可持续发展的前提条件。通过对盐渍化耕地的整理来充分利用农用地和宜农后备资源,不仅能增加有效耕地面积,缓解人地矛盾,发挥土地潜在效益,实现耕地总量动态平衡的目标,而且可以提高耕地质量,改善农业生产条件和生态环境,促进土地集约化利用,推进农业和社会主义新农村建设,促进绿洲可持续发展。

5.5 本章小结

本章在对研究区域 1989—2018 年间的土地覆盖变化进行时空动态分析过程中,首先提取出研究区域 1989—2018 年间的土壤盐渍化空间变化区域,其次是通过变化检测、转移矩阵、空间重心转移同时结合动态度分析等从时间和空间综合分析了研究区域土壤盐渍化时空动态变化过程,从中发现和总结出一些干旱区土壤盐渍化变化过程的基本特征。研究结果表明:从整体上分析发现研究区域盐渍化土壤总面积在 1989—2018 年的 29 年间呈先增加后降低的趋势，1989—2001 年增加明显，2001—2006 年也略有增加，2006—2018 年显著减少；1989—2006 年中轻度盐渍地的动态度比重度盐渍地的大，说明 1989—2006 年轻度、中度盐渍地的变化程度剧烈，主要是由于轻度盐渍地转移向中度盐渍地，2006—2018 年轻度、中度和重度盐渍地变化平缓，且均呈现下降趋势；转移矩阵分析表明 1989—2006 年轻度盐渍地发生转化的比例在所有地类中最大，2006—2018 年中度盐渍化发生转化的比例最大；同时绿洲内部与外缘东北部中度盐渍地转化为轻度盐渍地，而外缘东北及西部的一部分重度盐渍地转化为中度盐渍地；绿洲内部的轻度盐渍地也转移为中度盐渍地；研究区域的重度盐渍地主要分布在东西部的绿洲外围，中度盐渍地的分布区域在绿洲内外部均有，而轻度盐渍地主要从绿洲内部向外部转移，各类盐渍地均有向绿洲外部东北及西北方向偏移发展的趋势；1989—2018 年中度及重度盐渍地的重心逐年向西北方向迁移，迁移的距离先增加后减少。这些结果充分表明渭一库绿洲农业基础设施与耕作方式发生了很大变化，并对盐渍化的发生起到抑制作用，土壤盐渍化总面积显著减少，盐渍化治理效果显著，同时，本书还提出了一些盐渍化治理的调控措施。

6 结论与展望

本着本书以研究干旱区盐渍地分类与生态效应为目的，主要研究了实验靶区为塔里木盆地北缘渭干河与库车河流域的渭—库绿洲。本书通过决策树方法对研究区域三期的遥感影像的盐渍地进行分类，从而分析盐渍地的时空变化特征与生态效应，对干旱区土壤盐渍化遥感监测提供了正确评价与监测的依据。研究过程中，得到了一些有启发的结论，但是因研究条件、时间等限制，还存在一些不足和有待进一步深入研究的领域。本章就研究得到的主要结论进行总结，并对今后的研究方向进行了展望。

6.1 主要结论

6.1.1 大气校正及地表反射率反演

本书在基于 COST 模型对 TM、ETM+可见光、近红外波段遥感影像的大气辐射进行校正，计算 0.52~2.35 um 波谱范围内的大气顶部反射辐射，消除地表辐射失真，获取地表的真实反射率。通过实验证明，COST 模型可以有效地降低大气对电磁波传输过程中的影响和作用，也能够有效地减弱 TM、ETM+影像的辐射失真，同时计算地球表面像元相对反射率，最后分别通过辐射校正对地物光谱响应特征及 NDVI 的影响结果进行分析及辐射校正效果评价，并与野外实测地表光谱进行相关分析。其结果达到研究和应用的要求，而且在数字上比较易处理，具有良好的可适用性。本书的研究为后人定量提取盐渍化土壤信息打下坚实的基础。

6.1.2 决策树分类规则的建立

本书不仅选用了影像原始波段、SAVI、MNDWI、图像主成分、缨帽变换等作为信息提取的特征变量，还选用了地形因子（坡度、坡向）；运用决策树信息提取方法自动提取研究区域盐渍化土壤信息。研究结果表明：使用DT分类法对盐渍化土壤信息的自动提取是可行的，并能达到较高精度（kappa系数达到91.28%）且有更多辅助因子的加入，能够一定程度上解决干旱区盐渍化土壤和砂质土壤的光谱相似性问题。因此，充分挖掘遥感信息表达的物理意义并使用最新的分类方法，而不仅仅局限于传统遥感分类方法，这对于利用遥感技术研究土壤盐渍化现象具有积极意义。

6.1.3 变化特征分析

本书在以渭—库绿洲为试验靶区的基础上，选择从三个方面进行了分析，即数量特征、动态度和地类变化；通过变化检测、转移矩阵、空间重心转移同时结合动态度分析等，从时间和空间综合分析了研究区域土壤盐渍化时空动态变化过程，从中发现和总结出一些干旱区土壤盐渍化变化过程的基本特征。研究表明1989—2018年轻度盐渍地发生转化的比例在所有地类中最大，同时绿洲内部与外缘东北部轻度盐渍地转化为中度盐渍地，而外缘东北部的一部分重度盐渍地转化为中度盐渍地；研究区域的重度盐渍地主要分布在东西部的绿洲外围，中度盐渍地的分布区域在绿洲内部及外部均有，而轻度盐渍地分布区域在向绿洲内部移动，各类盐渍地均有向绿洲外部东北及西北方向偏移的趋势；中度盐渍地的重心逐年向西北方向迁移，重度盐渍地逐渐向西南方向迁移，迁移的距离先增加后减少。这些结果充分表明渭—库绿洲农业基础设施与耕作方式发生了很大变化，并因此提出一些盐渍化治理的调控措施。

6.2　不足与展望

由于作者水平有限，加之数据不全面及其时间连续性不是很理想，本书在技术和理论上仍然有待完善，还存在一些问题。现将有关的主要问题总结如下，这些问题还需要在以后的研究工作中进一步解决和完善。

（1）本书没有解决混合像元的问题；在以后的工作中，会逐步加强这方面的研究。

（2）本书在进行野外定点调查时所选取的样地偏少，对验证的精度会有一定的影响，期望随着以后进一步的深入调查，能够很好地解决这一问题。

（3）实测地物光谱数据和遥感影像数据的获取时间在季相上有差异，这样土壤含水量以及气候方面会有一定差异，这些差异是导致误差产生的一个重要因素。再者，在实测过程中由于仪器和操作人员本身的误差及操作人员对所测地物光谱反射率的影响等都会导致一些误差的产生。

利用遥感手段分析区域尺度土壤盐渍化，前人所用的研究方法已经很多，我们可以综合传统方法的长处，通过研究更好的方法模型来提取盐渍地信息，以便掌握盐渍地的性质、地理分布及盐渍化程度。

参考文献

[1] 鲁春霞, 于云江, 关有志, 等. 甘肃省土壤盐渍化及其对生态环境的损害评估 [J]. 自然灾害学报, 2001, 10 (1): 99-102.

[2] 关元秀, 刘高焕. 区域土壤盐渍化遥感监测研究综述 [J]. 遥感技术与应用, 2001, 16 (1): 40-42.

[3] 赵英时, 等. 遥感应用分析原理与方法 [M]. 北京: 科学出版, 2005.

[4] 安如, 赵萍, 王慧麟. 遥感影像中居民地信息的自动提取与制图 [J]. 地理科学, 2005, 5 (25): 74-80.

[5] 臧淑英, 祖元刚. 森林资源信息提取和制图技术方法研究 [J]. 地理科学, 1999, 19 (5): 466-46.

[6] 安如, 冯学智, 王慧麟. 基于数学形态学的道路遥感影像特征提取及网络分析 [J]. 中国图像图形学报, 2003, 8 (7): 798-804.

[7] 霍东民, 张景雄, 张家柄. 利用CBERS-1卫星数据进行盐碱地专题信息提取研究 [J]. 国土资源遥感, 2001 (2): 48-52.

[8] 石元春. 区域水盐运动监测预报体系 [J]. 中国土壤与肥料, 1992 (5): 1-3.

[9] 陈亚新, 史海滨, 田存旺. 地下水与土壤盐渍化关系的动态模拟 [J]. 水利学报, 1997 (5): 77-83.

[10] 宋长春, 邓伟, 李取生, 等. 松嫩平原西部土壤次生盐渍化防治技术研究 [J]. 地理科学, 2002, 22 (5): 610-614.

[11] 刘强, 何岩, 章光新. 苏打盐渍土土壤水分动态及其与浅层地下水的交换关系 [J]. 地理科学, 2008, 28 (6): 782-787.

[12] 曾志远. 卫星图像土壤类型自动识别与制图的研究：Ⅱ. 自动识别结果的成图及其与常规土壤图的比较 [J]. 土壤学报, 1985, 22 (3): 265-273.

[13] 乔玉良. 彩红外航片在忻定盆地水浇地清查及盐碱地动态监测中的应用 [J]. 国土资源遥感, 1993 (2): 17-21.

[14] 李凤全, 吴樟荣. 半干旱地区土地盐渍化预警研究——以吉林省西部土地盐渍化预警为例 [J]. 水土保持通报, 2002, 1 (2): 57-59.

[15] 李凤全, 卞建民, 张殿发. 半干旱地区土壤盐渍化预报研究——以吉林省西部洮儿河流域为例 [J]. 水土保持通报, 2000 (2): 2-4.

[16] 曾志远. 卫星图像土壤类型自动识别与制图研究：计算机分类及其结果的光谱学分析 [J]. 土壤学报, 1984, 21 (2): 183-193.

[17] 戴昌达, 扬瑜, 石晓日. 黄淮海平原地产土壤的遥感清查 [J]. 环境遥感, 1986, 1 (2): 81-91.

[18] 王杰生, 戴昌达, 胡德永. 土地利用变化的卫星遥感监测——以河北省南皮县为例 [J]. 环境遥感, 1989, 4 (4): 243-248.

[19] 王西川. 豫东平原盐渍土的遥感分析 [J]. 遥感信息, 1992 (4): 24-27.

[20] 张恒云, 肖淑招. NOAA/AVNRR 资料在监测土壤盐渍化程度中的应用 [J]. 遥感信息, 1992 (1): 24-26.

[21] 彭望璟, 李天杰. TM 数据的 Kauth-Thomas 变换在盐渍土分析中的作用——以阳高盆地为例 [J]. 遥感学报, 1989 (3): 183-190.

[22] 骆玉霞, 陈焕伟. GIS 支持下的 TM 图像土壤盐渍化分级 [J]. 遥感信息, 2000 (4): 12-15.

[23] 刘庆生, 骆剑承, 刘高焕. 资源一号卫星数据在黄河三角洲地区的应用潜力初探 [J]. 地球信息科学, 2000, 2 (2): 56-57.

[24] 李海涛, BRUNNER P, 李文鹏, 等. ASTER 遥感影像数据在土壤盐渍化评价中的应用 [J]. 水文地质工程地质, 2006 (5): 75-79.

[25] 霍东民, 孙家炳, 刘高焕, 等. 3S 技术在黄河三角洲土壤盐分分析样点采集中的应用 [J]. 遥感信息, 2001 (2): 35-37.

[26] 刘庆生，刘高焕，励惠国. 辽河三角洲土壤盐分与上覆植被野外光谱关系初探 [J]. 农业环境科学，2004，20（4）：274-278.

[27] 史晓霞，李京，陈云浩，等. 基于 CA 模型的土壤盐渍化时空演变模拟与预测 [J]. 农业工程学报，2007，23（1）：6-12.

[28] 史晓霞. 基于 CA 模型的长岭县土壤盐渍化时空演变可视化模拟 [D]. 东北师范大学，2005.

[29] 李宏，于洪伟. 对新疆塔里木河流域土地盐渍化进行专题信息提取的应用研究 [J]. 测绘与空间地理信息，2007，30（4）：65-70.

[30] 关元秀，刘高焕，刘庆生，等. 黄河三角洲盐碱地遥感调查研究 [J]. 遥感学报，2001，5（1）：46-52.

[31] 赵庚星，窦益湘，田文新，等. 卫星遥感影像中耕地信息的自动提取方法研究 [J]. 地理科学，2001，21（4）：224-229.

[32] 张定祥，刘顺喜，尤淑撑，等. 基于机载成像光谱数据的宜兴市土地利用/土地覆盖分类方法对比研究 [J]. 地理科学，2004，24（2）：193-198.

[33] 许迪，王少丽. 利用 NDVI 指数识别作物及土壤盐碱分布的应用研究 [J]. 灌溉排水学报，2003，22（6）：5-8.

[34] 徐存东，王荣荣，程慧，等. 基于遥感数据分析干旱区人工绿洲灌区的水盐时空分异特征 [J]. Transactions of the Chinese Society of Agricultural Engineering（Transactions of the CSAE），2019，35（2）：80-89.

[35] 塔西甫拉提·特依拜，张飞，赵睿，等. 新疆干旱区土地盐渍化信息提取及实证分析 [J]. 土壤通报，2007，38（4）：625-630.

[36] 何祺胜，塔西甫拉提·特依拜，丁建丽. 基于决策树方法的干旱区盐渍地信息提取研究——以渭干河—库车河三角洲绿洲为例 [J]. 资源科学，2006，28（6）：134-140.

[37] 江红南，塔西甫拉提·特依拜，徐佑成，等. 于田绿洲土壤盐渍化遥感监测研究 [J]. 干旱区研究，2007，24（2）：168-173.

[38] 庞治国，吕宪国，李取生. 3S 技术支持下的盐碱化土地现状评价与发展对策研究——以吉林省西部大安市为例 [J]. 国土与自然资源研究，2000

(4）：25-27.

［39］牛博，倪萍，塔西甫拉提·特依拜.遥感技术在干旱区盐渍化动态变化分析中的应用——以新疆于田县为例［J］.地质灾害与环境保护，2004，15（4）：78-82.

［40］李晓燕，张树文.吉林省大庆市近50年土地盐碱化时空动态及成因分析［J］.资源科学，2005，27（3）：92-97.

［41］张飞，塔西甫拉提·特依拜，丁建丽.渭干河—库车河三角洲绿洲盐渍化土壤特征研究［J］.干旱地区农业研究，2007，25（2）：146-161.

［42］张飞，丁建丽，塔西甫拉提·特依拜，等.干旱区典型绿洲土壤盐渍化特征分析——以渭干河—库车河三角洲为例［J］.草业学报，2007，16（4）：34-40.

［43］何祺胜.星载雷达图像在干旱区盐渍地信息提取中的应用研究［D］.乌鲁木齐：新疆大学，2007.

［44］李凤全，卞建民.半干旱地区土壤盐碱化预报研究：以吉林省西部洮儿河流域为例［J］.水土保持通报，2000，20（2）：1-4.

［45］吴加敏，姚建华，张永庭，等.银川平原土壤盐渍化与中低产田遥感应用研究［J］.遥感学报，2007，11（3）：414-419.

［46］宋长春，邓伟.吉林西部地下水特征及其与土壤盐渍化的关系［J］.地理科学，2000，20（3）：246-250.

［47］浦瑞良，宫鹏.高光谱遥感及其应用［M］.高等教育出版社，2000.

［48］沙占江，马海州，李玲琴，等.多尺度空间分层聚类算法在土地利用与土地覆被研究中的应用［J］.地理科学，2004，24（4）：477-483.

［49］付炜.土壤类型遥感识别推理决策器研究［J］.地理科学，2002，22（1）：72-78.

［50］王建，董光荣，李文君.利用遥感信息决策树方法分层提取荒漠化土地类型的研究探讨［J］.中国沙漠，2000，20（3）：243-247.

［51］关欣，张凤荣，李巧云.新疆土地资源的持续利用与开发［J］.干旱地区农业研究，2002（1）：95-101.

［52］满苏尔·沙比提，热合漫·玉苏甫，阿布拉江·苏莱曼. 渭干河—库车河三角洲绿洲土地资源合理利用对策分析［J］. 干旱区资源与环境，2004，18（1）：111-115.

［53］刘立诚. 塔里木盆地北部土壤盐渍化特征的初步研究［J］. 土壤通报，1994，6（12）：196-200.

［54］陈署晃，冯耀祖，许咏梅. 土壤养分变异及合理取样数的初步探究［J］. 新疆农业科学，2003，40（6）：328-331.

［55］梅新安，彭望禄，秦其明，等. 遥感导论［M］. 北京：高等教育出版社，2001.

［56］李小文. 定量遥感的发展与创新［J］. 河南大学学报（自然版），2005，35（4）：49-56.

［57］刘三超，张万昌，蒋建军，等. 用 TM 影像和 DEM 获取黑河流域地表反射率和反照率［J］. 地理科学，2003，23（5）：585-591.

［58］陈云浩，李晓兵，谢峰. 我国西北地区地表反照率的遥感研究［J］. 地理科学，2001，21（4）：327-333.

［59］赵英时. 遥感应用分析原理与方法［M］. 北京：科学出版社，2003：20-30.

［60］李爽，丁圣彦，许叔明. 遥感影像分类方法比较研究［J］. 河南大学学报，2002，32（2）：72-74.

［61］姜小光，王长耀，王成. 成像光谱数据的光谱信息特点及最佳波段选择——以北京顺义区为例［J］. 干旱区地理，2000，23（3）：215-220.

［62］王飞，丁建丽. 基于土壤植被光谱协同分析的土壤盐度推理模型构建研究［J］. 光谱学与光谱分析，2016，36（6）：1848-1853.

［63］徐涵秋. 从增强型水体指数分析遥感水体指数的创建［J］. 地球信息科学学报，2008，10（6）：776-780.

［64］王遵亲，祝寿泉，俞仁培等. 中国盐渍土［M］. 北京：科学出版社，1993.

［65］王红，宫鹏，刘高焕. 黄河三角洲多尺度土壤盐分的空间分异［J］. 地理研究，2006，25（4）：649-657.

［66］舒宁. 关于多光谱和高光谱影像的纹理问题［J］. 武汉大学学报，2004，29（4）：292-295.

［67］周廷刚，郭达志，盛业华. 灰度矢量多波段遥感影像纹理特征及其描述［J］. 西安科技学院学报，2000，2（4）：336-338.

［68］哈学萍. 干旱区土壤盐渍化遥感监测模型构建研究［D］. 新疆大学，2009.

［69］李香云，杨君，王立新. 干旱区土地荒漠化的人为驱动作用分析——以塔里木河流域为例［J］. 资源科学，2004，26（5）：30-37.

［70］马松尧，王刚，杨生茂. 西北地区荒漠化防治与生态恢复若干问题的探讨［J］. 水土保持通报，2004，24（5）：105-108.

［71］樊胜岳，周立华. 中国的荒漠化防治：症结与出路［J］. AMBIO-人类环境杂志，2001，30（6）：384-385.

［72］林年丰，汤洁. 第四纪环境演变与中国北方的荒漠化［J］. 吉林大学学报（地球科学版），2003，33（2）：183-191.

［73］刘树林，王涛，安培浚. 论土地沙漠化过程中的人类活动［J］. 干旱区地理，2004，27（1）：52-56.

［74］黄钱，赵智杰，姜末文. 塔里木河下游垦区土地利用/覆盖动态变化过程分析［J］. 干旱区地理，2006，29（6）：894-901.

［75］张树文，张养贞，李颖，等. 东北地区土地利用/覆被时空特征分析［M］. 北京：科学出版社，2006.

［76］邸凯昌，李德仁，李德毅. 基于空间数据挖掘的遥感图像分类研究［J］. 武汉测绘科技大学学报，2000，125（1）：42-48.

［77］吴忱. 华北平原河道变迁对土壤及土壤盐渍化的影响［J］. 地理与地理信息科学，1999（4）：70-75.

［78］王秀红，胡双熙. 柴达木盆地农田土壤盐渍化特征及其防治对策研究［J］. 干旱区资源与环境. 1998，12（4）：74-83.

［79］杨自辉，王继和，纪永福，等. 干旱区盐渍化土地三系统治理技术研究［J］. 干旱地区农业研究. 2001，19（4）：92-96.

［80］佟才，王志平，段丽杰. 盐渍化土地恢复调控的研究进展［J］. 北

方环境. 2004, 29 (5): 32-35.

　　[81] HINTON J C. GIS and remote sensing integration for environmental applications [J]. International Journal of Geographical Information Systems, 1996, 10 (7): 14.

　　[82] CRAMER G R. Differential effects of salinity on leaf elongation kinetics of three grass species [J]. Plant and Soil, 2003, 253 (1): 233-244.

　　[83] SMEDEMA L K, Shiati K. Irrigation and Salinity: a Perspective Review of the Salinity Hazards of Irrigation Development in the Arid Zone [J]. Irrigation & Drainage Systems, 2002, 16 (2): 161-174.

　　[84] CLARKE C J, BELL R W, HOBBS R J, et al. Incorporating Geological Effects in Modeling of Revegetation Strategies for Salt-Affected Landscapes [J]. Environmental Management, 1999, 24 (1): 99-109.

　　[85] WICHELNS D. An economic model of waterlogging and salinization in arid regions [J]. Ecological Economics, 1999, 30 (3): 475-491.

　　[86] SINGH A N, KRISTOF S J, BAUMGARDNER M F. Delineating salt-affected soils in the ganges plain by digital analysis of landsat data [J]. Journal of the Indian Society of Photo-Interpretation and Remote Sensing, 1979, 7 (1): 35-39.

　　[87] RAO B R M, SHARMA R C, RAVI SANKAR T, et al. Spectral behaviour of salt-affected soils [J]. International Journal of Remote Sensing, 1995, 16 (12): 2125-2136.

　　[88] METTERNICHT G, ZINCK J A. Spatial discrimination of salt- and sodium-affected soil surfaces [J]. International Journal of Remote Sensing, 1997, 18 (12): 2571-2586.

　　[89] Khan N M, SATO Y. Environmental land degradation assessment in semi-arid Indus basin area using IRS-1B LISS-II data [C] // IEEE International Geoscience & Remote Sensing Symposium. 2001.

　　[90] Douaoui A E K, Hervé Nicolas, Walter C. Detecting salinity hazards within a semiarid context by means of combining soil and remote-sensing data [J].

Geoderma, 2006, 134 (1-2): 1-230.

[91] FARIFTEH J, MEER F V D, ATZBERGER C, et al. Quantitative analysis of salt-affected soil reflectance spectra: A comparison of two adaptive methods (PLSR and ANN) [J]. Remote Sensing of Environment, 2007, 110 (1): 59-78.

[92] LEONE A P, MENENTI M, BUONDONNO A, et al. A field experiment on spectrometry of crop response to soil salinity [J]. Agricultural Water Management, 2007, 89 (1): 39-48.

[93] DWIVEDI R S, RAO B R M. The selection of the best possible Landsat TM band combination for delineating salt-affected soils [J]. International Journal of Remote Sensing, 1992, 13 (11): 2051-2058.

[94] WU J, VINCENT B, YANG J, et al. Remote Sensing Monitoring of Changes in Soil Salinity: A Case Study in Inner Mongolia, China. [J]. Sensors, 2008, 8 (11): 7035-7049.

[95] METTERNICHT G I. Categorical fuzziness: a comparison between crisp and fuzzy class boundary modelling for mapping salt-affected soils using Landsat TM data and a classification based on anion ratios [J]. Ecological Modelling, 2003, 168 (3): 371-389.

[96] BUI E, HENDERSON B. Vegetation indicators of salinity in northern Queensland [J]. Austral Ecology, 2010, 28 (5): 539-552.

[97] DEHAAN R L, TAYLOR G R. Field-derived spectra of salinized soils and vegetation as indicators of irrigation-induced soil salinization [J]. Remote Sensing of Environment, 2002, 80 (3): 406-417.

[98] KIRKBY S D. Integrating a GIS with an expert system to identify and manage dryland salinization [J]. Applied Geography, 1996, 16 (4): 0-303.

[99] MASOUD A A, KOIKE K. Arid land salinization detected by remotely-sensed landcover changes: A case study in the Siwa region, NW Egypt [J]. Journal of Arid Environments, 2006, 66 (1): 151-167.

[100] FERNANDEZ-BUCES N, SIEBE C, CRAM S, et al. Mapping soil salinity using a combined spectral response index for bare soil and vegetation: A case

study in the former lake Texcoco, Mexico [J]. Journal of Arid Environments, 2006, 65 (4): 644-667.

[101] TAYLOR G R, MAH A H, KRUSE F A, et al. Characterization of saline soils using airborne radar imagery [J]. Remote Sensing of Environment, 1996, 57 (3): 127-142.

[102] BELL D, MENGES C, AHMAD W, et al. The Application of Dielectric Retrieval Algorithms for Mapping Soil Salinity in a Tropical Coastal Environment Using Airborne Polarimetric SAR [J]. Remote Sensing of Environment, 2001, 75 (3): 375-384.

[103] MORSHED M M, ISLAM M T, JAMIL R. Soil salinity detection from satellite image analysis: an integrated approach of salinity indices and field data [J]. Environmental Monitoring & Assessment, 2016, 188 (2): 1-10.

[104] DEHAAN R, TAYLOR G R. Image-derived spectral endmembers as indicators of salinisation [J]. International Journal of Remote Sensing, 2003, 24 (4): 20.

[105] FARIFTEH J, MEER F V D, CARRANZA E J M. Similarity measures for spectral discrimination of salt-affected soils [M]. Taylor & Francis, Inc. 2007.

[106] CRESSWELL R G, MULLEN I C, KINGHAM R, et al. Airborne electromagnetics supporting salinity and natural resource management decisions at the field scale in Australia [J]. International Journal of Applied Earth Observation and Geoinformation, 2007, 9(2): 1-102.

[107] METTERNICHT G B, ZINCK J A. Spatial discrimination of salt- and sodium-affected soil surfaces [J]. International Journal of Remote Sensing, 1997, 18 (12): 2571-2586.

[108] DWIVEDI R S, SREENIVAS K. Image transforms as a tool for the study of soil salinity and alkalinity dynamics [J]. International Journal of Remote Sensing, 1998, 19 (4): 605-619.

[109] FRIEDL M A, BRODLEY C E. Decision tree classification of land cover from remotely sensed data [J]. Remote Sensing of Environment, 1997, 61 (3):

399-409.

[110] HANSEN M C, DEFRIES R S, TOWNSHEND J R G, et al. Global Percent Tree Cover at a Spatial Resolution of 500 Meters: First Results of the MODIS Vegetation Continuous Fields Algorithm [J]. Earth Inter, 2003, 7 (7): 1-15.

[111] MURTHY S K, KASIF S, SALZBERG S. A System for Induction of Oblique Decision Trees [J]. Journal of Artificial Intelligence Research, 1994, 2 (1): 1-32.

[112] FRIEDL M A, MCIVER D K, HODGES J C F, et al. Global land cover mapping from MODIS: algorithms and early results [J]. Remote Sensing of Environment, 2002, 83 (1): 287-302.

[113] ZHAN X, SOHLBERG R A, TOWNSHEND J R G, et al. Detection of land cover changes using MODIS 250 m data [J]. Remote Sensing of Environment, 2002, 83 (1): 336-350.

[114] KAUFMAN Y J, CLAUDIASENDRA. Algorithm for automatic atmospheric corrections to visible and near-IR satellite imagery [J]. International Journal of Remote Sensing, 1988, 9 (8): 1357-1381.

[115] VERMOTE E F, TANRE D, DEUZE J L, et al. Second Simulation of the Satellite Signal in the Solar Spectrum, 6S: an overview [J]. IEEE Transactions on Geoscience & Remote Sensing, 2002, 35 (3): 675-686.

[116] FRIEDL M A, BRODLEY C E, STRAHLER A H. Maximizing land cover classification accuracies produced by decision trees at continental to global scales [J]. IEEE Transactions on Geoscience and Remote Sensing, 1999, 37 (2): 969-977.

[117] GOWARD, SAMUEL N, XUE Y, et al. Evaluating land surface moisture conditions from the remotely sensed temperature/vegetation index measurements: An exploration with the simplified simple biosphere model [J]. Remote Sensing of Environment, 2002, 79 (2): 225-242.

[118] QI J G, CHEHBOUNI A R, HUETE A R, et al. A Modified Soil Adjusted Vegetation Index [J]. Remote Sensing of Environment, 1994, 48 (2): 119

−126.

[119] HARAlick R M. Statistical and structural approaches to texture [J]. Proceedings of the IEEE, 1979, 67 (5): 786−804.

[120] LADENBURGER C G, HILD A L, KAZMER D J, et al. Soil salinity patterns in Tamarix invasions in the Bighorn Basin, Wyoming, USA [J]. Journal of Arid Environments, 2006, 65 (1): 1−128.